초등 자녀교육 골든타임을 잡아라

Foreign Copyright:
Joonwon Lee
Address: 3F, 127, Yanghwa-ro, Mapo-gu, Seoul, Republic of Korea
3rd Floor
Telephone: 82-2-3142-4151
E-mail: jwlee@cyber.co.kr

초등 자녀교육

골든타임을 잡아라

2021. 1. 4. 1판 1쇄 인쇄
2021. 1. 11. 1판 1쇄 발행

지은이 | 박원주, 박건민, 박현지, 박영근
펴낸이 | 이종춘
펴낸곳 | BM (주)도서출판 **성안당**
주소 | 04032 서울시 마포구 양화로 127 첨단빌딩 3층(출판기획 R&D 센터)
10881 경기도 파주시 문발로 112 파주 출판 문화도시(제작 및 물류)
전화 | 02) 3142-0036
031) 950-6300
팩스 | 031) 955-0510
등록 | 1973. 2. 1. 제406-2005-000046호
출판사 홈페이지 | **www.cyber.co.kr**
ISBN | 978-89-315-9102-6 (13590)
정가 | 15,000원

이 책을 만든 사람들
기획 | 최옥현
진행 | 오영미
교정 · 교열 | 이진영
본문 · 표지 디자인 | 이플디자인
홍보 | 김계향, 유미나
국제부 | 이선민, 조혜란, 김혜숙
마케팅 | 구본철, 차정욱, 나진호, 이동후, 강호묵
마케팅 지원 | 장상범
제작 | 김유석

■ **도서 A/S 안내**

성안당에서 발행하는 모든 도서는 저자와 출판사, 그리고 독자가 함께 만들어 나갑니다.
좋은 책을 펴내기 위해 많은 노력을 기울이고 있습니다. 혹시라도 내용상의 오류나 오탈자 등이 발견되면 "좋은 책은 나라의 보배"로서 우리 모두가 함께 만들어 간다는 마음으로 연락주시기 바랍니다. 수정 보완하여 더 나은 책이 되도록 최선을 다하겠습니다.
성안당은 늘 독자 여러분들의 소중한 의견을 기다리고 있습니다. 좋은 의견을 보내주시는 분께는 성안당 쇼핑몰의 포인트(3,000포인트)를 적립해 드립니다.
잘못 만들어진 책이나 부록 등이 파손된 경우에는 교환해 드립니다.

초등 자녀교육 골든타임을 잡아라

박원주, 박건민, 박현지, 박영근 지음

BM (주)도서출판 성안당

머리말

초등학생 어머니들, 어린 자녀의 무한한 가능성을 믿고 아이의 재능을 계발시켜 주기 위해 많은 교육적 시도를 하고 계시죠? 아이가 음악에, 혹은 미술에 재능이 있을까 해서 악기를 가르쳐 보시거나 미술 학원 등에도 보내실 것입니다. 아이가 조금만 영리하게 행동해도 '우리 아이 혹시 천재 아닐까?' 하고 기대하시고 영재 교육에 관심을 가지실 거예요. 아이들이 우리의 꿈이고 미래니까요.

부모님들이 자식 일이라면 열 일을 제쳐놓고 소매를 걷어붙이고 계시지만, 자녀 교육은 생각만큼 쉽지 않습니다. 수많은 교육 정보와 프로그램이 넘쳐 나는 세상에서 우리 아이에게 맞는 교육을 찾아서 잘 적용하기도 어렵고, 자식 일이 뜻대로 잘되지 않을 때도 많기 때문이지요.

'초등학교 입학을 위해 무엇을 어디까지 준비해서 보내야 하나?'

'옆집 엄마들도 하는 엄마표 영어, 우리도 해야 할까?'

'사고력 수학, 시켜? 말아?', '수학 선행을 우리 아이도 시켜야 할까?'

'코딩도 가르쳐야 할까?'

'교육을 위해 교육 여건이 좋은 곳으로 이사해야 하나?'

'아이 사춘기에 어떻게 대처해야 할까?'

초등학생 자녀를 두신 부모님들은 자녀를 교육하는 과정에서 이러한 수많은 고민거리들을 가지게 되고, 또 자녀 교육의 주요 시기마다 여러 개의 갈림길을 만나게 됩니다. 저 역시 제 아이를 교육하면서 많은 선택의 기로에 섰을 때, 늘 확신이 없어서 힘들었습니다. 그럴 때마다 자녀 교육을 모두 경험한 누군가가 교육의 전체 과정을 쭉 알려 줬으면 좋겠다고 생각했어요. 경험을 가진 분들의 안내와 조언이 저에게 너무나 절실했습니다.

교육열에 불탔던 초보 엄마로서, 늘 막막함을 느끼며 수많은 실수와 시행착오를 겪어야 했습니다. 지혜와 경험이 부족하다 보니 안 해도 되었을 마찰과 갈등도 숱하게 겪었어요. 우여곡절 끝에 힘겹게 아이를 대학에 보냈고, 이제야 마음의 여유를 찾았습니다. 그래서 부모님들이 자녀를 어떤 마음으로 기르시고 어떤 어려움이 있는지 잘 알기에, 몇 년 먼저 그 길을 걸으며 같은 고민을 했었던 엄마로서 제 경험을 나눠 드리게 되었습니다.

아이의 초등부터 대입까지 엄마로서 겪은 제 경험과, 교육 현장에서 학생들을 실제로 지도하고 계신 초등학교 선생님들의 지도 경험과 교육적 통찰, 그리고 입시 전문가의 노하우를 함께 담아서 초등학생 어머니들의 자녀 교육에 대한 고민에 응답해 드리고, 자녀 교육의 올바른 방향을 제안해 드리기 위해 이 책을 출간하게 되었습니다. 초등학교 교사들과 입시 전문가, 전직 교사 출신 엄마가 자녀 교육에서 막막함과 딜레마를 겪고 계실 초등학생 어머니들께 실질적인 도움을 드리자는 데에 뜻을 모으고 힘을 합쳐서 공동 저술 작업을 했습니다.

이 책을 통해 초등학생 어머니들께서 지금 현 단계뿐 아니라 중학교와 고등학교, 대입까지 내다보시며 좀 더 넓은 시야에서 자녀의 교육 플랜을 세우실 수 있도록 안내해 드리고자 합니다. 또 초등학교에서 실제로 아이들을 지도하는 교사들의 현장 경험과 생생한 사례를 중심으로 초등학생 아이들이 겪는 어려움과 고민을 조명해 보고, 아이들의 균형적 성장을 위한 조언들을 들려 드립니다. 아울러, 영재학교나 과학고 진학에 관심을 가지고 계시는 부모님들을 위해 입시 전문가의 설명과 조언도 함께 제시했습니다.

〈1부〉는 초등학교에 적응하기 편으로 신학기에 가져야 할 마음가짐과 담임 선생님과의 소통 방법을 초등학교 교사가 소상히 알려 드립니다. 또 평범엄마가 자녀의 공부 습관 형성 방법을 전해 드리고, 교육 전문가가 아이의 학습 성향을 파악하는 방법을 소개해 드립니다.

〈2부〉에서는 초등학생의 독서 지도에 대해 엄마의 경험과 초등학교 교사의 조언을 전해 드립니다. 그리고 초연결 시대에 살고 있는 우리 아이들에게 디지털 리터러시를 가르칠 수 있는 방법도 설명해 드립니다.

〈3부〉에서는 영어 교사였던 평범엄마가 초등학교 영어에서 효과적인 어휘 학습과 문법 학습, 영어 독서 지도법 등을 소개하고, 중학교와 고등학교에서도 통할 수 있는 영어 실력을 기르는 방법을 설명해 드립니다. 초등학교 교사가 초등학교 현장에서의 사례를 통해 영어 학습의 유의점을 알려 드리고, 유용한 영어 학습앱도 소개합니다.

〈4부〉에서는 평범엄마의 실제 경험을 통해 무리한 수학 교육의 실상과 결과에 대해 조명해 드립니다. 또 초등 교사가 교육 현장에서 접하는 다양한 학생들의 사례를 통해 초등 수학 교육의 올바른 방향을 제시합니다.

〈5부〉에서는 초등 과학 교육에 대한 조언과, 4차 산업 혁명 시대의 우리 자녀의 교육에 대해 알아봅니다. 요즘 초등학생과 부모님들 사이에서 관심이 커지고 있는 코딩 교육, SW교육, 스팀 교육 등에 대해 안내해 드리고 과학 활동에 참여하는 다양한 방법들도 알려 드립니다.

〈6부〉는 사춘기와 진로 편으로, 사춘기 자녀의 여러 가지 특성들을 실제 사례를 중심으로 알려 드립니다. 사춘기에 달라진 아이의 행동을 부모님들이 어떻게 이해해야 하는지, 사춘기 자녀와 원만한 관계를 어떻게 유지해야 하는지 등을 조언해 드립니다. 그리고 과학고와 영재학교 진학을 준비하는 방법을 입시 전문가가 상세히 안내해 드리며, 평범엄마가 자녀의 교육과 진로의 장기적 계획을 세우는 방법을 전해 드립니다.

'한 아이를 키우려면 온 마을이 필요하다.'는 말이 있습니다. 우리 사회를 이끌어 갈 다음 세대들을 교육하기 위해서는 교육 공동체 모두의 협력이 필요하다는 의미입니다. 우리 사회의 교육 공동체의 일원으로서 이러한 교육적 책임을 통감하고 뜻을 같이하는 초등학교 교사들과 입시 전문가, 그리고 평범엄마가 함께 모여서 각자의 분야에서 각자의 목소리로 초등 부모님들께 저희의 경험들을 나눠 드립니다. 자녀를 위해 헌신하고 계신 부모님들을 진심으로 응원하면서, 이 책이 자녀 교육에 참고가 되기를 간절히 바랍니다.

2020년 12월

박원주, 박건민, 박현지, 박영근

차례

1부 초등학교 적응과 공부 습관 형성

1장 초등학교에 적응하기

2장 공부 습관 형성과 자녀의 학습 성향 파악

2부 초등학생의 독서와 국어 이야기

1장 초등학생의 독서 지도

2장 스마트 교육과 디지털 리터러시

3부 초등학생의 영어 이야기

1장 중고등학교에서도 통하는 영어

2장 초등학교에서 영어를 어떻게 가르치고 배우는가?

4부

초등학생의 수학 이야기

1장 수학 교육에 대한 고민

2장 초등 수학 교육에 대한 조언

5부

초등학생의 과학 이야기

1장 초등 과학 교육에 대한 조언

1부
초등학교 적응과
공부 습관 형성

1장

초등학교에 적응하기

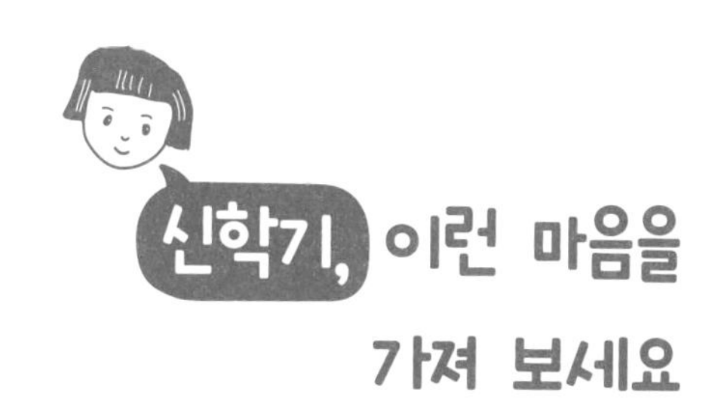

신학기, 이런 마음을 가져 보세요

우리 아이의 새로운 학교생활! 신학기는 생각만 해도 설렘과 두려움이 느껴지는 시기입니다. 해가 바뀌고 새 학년이 될 때마다 갓 입학했을 때처럼 무엇을 챙겨 보내야 할지, 연습해 가거나 익혀 가야 할 것은 무엇일지 등에 대한 고민이 끝없이 이어지지요. 지켜보는 학부모님들도, 새로운 학년을 시작하는 학생들도 모두가 같은 기분, 같은 마음일 것이라 생각합니다. 저 또한 담임으로서 새로운 학생들을 만난다는 기대와 설렘과 함께, 여러 가지 고민과 걱정을 가지고 신학기를 맞이합니다. 특히 3월에는 아이 한 명, 한 명을 세심히 파악하고, 교실에 잘 적응할 수 있도록 많은 노력을 기울입니다. 새로운 선생님, 새로운 친구들, 새로운 책상과 의자, 새로운 교과서 등 모든 게 달라지고, 그러한 낯선 환경 속에서 불안함과 무서움을 느끼는 아이들도 있기 때문이에요.

학기 초에 종종 담임 교사에게 상담을 신청하시는 학부모님들이 있습니다. 상담을 통해 아이가 너무 말수가 없어서 친구들과 잘 어울리지 못한다거나, 혹은 알레르기나 천식 등 건강상 주의 깊게 살펴야 할 일들을 알려 주시지요. 이렇게 심리적·신체적으로 특이점을 가지고 있는 학생들뿐만이 아니라, 신학기에 아이들의 적응을 돕기 위해서는 교사와 학부모가 진솔한 대화를 통해 긴밀히 협조해야 합니다. 따라서 아이들이 신학기를 어떤 마음으로 준비하는 것이 좋을지, 부모님들께서는 아이들에게 어떤 이야기를 해 주시면 좋을지 살펴보도록 하겠습니다.

3월 둘째 주, 5학년이 된 ○○이 어머니의 고민

"선생님! 우리 아이가 친한 친구와 반이 갈라져서 매일 우울해해요. 워낙 낯을 많이 가리고 소심한 아이라, 친구를 못 사귈까 걱정이 돼요."

"○○이가 많이 속상하겠어요. 그렇지만 신학기에 교우 관계에 대한 걱정을 하는 것은 당연하다고 생각해요."

"집에서도 먼저 용기를 내서 다가가라고 계속 얘기하지만, 아이가 많이 힘들어하는 것 같아요."

"용기를 내는 것이 쉽지는 않지요. 그래도 지난 2주 동안 신학기 적응 활동에서 ○○이가 큰 활약을 보여 주었답니다. 모둠 활동이나 협력 활동에서 ○○이의 고운 마음씨에 감명 받은 친구들이 꽤 많았어요. 자의로든 타의로든 친구에게 먼저 다가가는 것을 어려워하는 아이들은 많아요. 어른들의 경우도 그렇고요. 특히 신학기는 더욱 그럴 수밖에 없어요. 그런데 ○○이가 용기는 조금 부족해 보일 수는 있어도, 다른 사람을 배려하고 양보하는 평소 행동들을 통해 다른 친구들이 큰 호감을 가진 것 같아요."

"저는 ○○이에게 뭐라고 이야기해 주면 좋을까요?"

"지금처럼 스스로 즐겁고 뿌듯한 일을 하며 학교생활을 하라고 말씀해 주세요. 교실에서 친구와 친해질 수 있는 계기와 기회는 무척 많이 있으니까요."

3월 셋째 주, 4학년이 된 △△이 아버지의 고민

"학년이 바뀌니 공부를 못 따라가면 어쩌나 싶어요. △△이가 잘하고 있나요?"

"네. △△이는 특히 과학에 관심이 많은 것 같아요."

"그런가요? 과학이 재밌다고는 하던데…. 그럼 과학 학원을 하나 다녀야 할까요?"

"아이의 학업 성취는 정말 중요하지만, 그전에 아이의 호기심과 도전의식을 먼저 길러 주는 것이 더 중요합니다."

"학기 초에 수업을 잘 따라가야 일 년 동안 좋은 성적을 유지할 수 있을 것 같아서요."

"아버님의 의견을 존중합니다만, 먼저 매일 저녁 △△이와 학교에서 배운 내용이나 활동에 대해 묻고 답하는 시간을 갖는 것을 권해 드려요. 그러면 △△이의 자기 효능감을 기르는 데 큰 도움이 될 거예요. 그런 내적 동기가 먼저 형성된다면 아이의 올바른 공부 습관을 만들어 갈 수 있어요. 그건 이번 일 년뿐만 아니라 앞으로의 학교생활에 계속 이어지게 될 거예요."

신학기는 아이의 일 년이 결정되는 시기라 해도 과언이 아닐 만큼 굉장히 중요한 때라고 합니다. 그리고 또 한편으로는 아이가 한 개인으로서 주체성과 자립성을 길러 나가는 때이기도 합니다. 많은 관심과 주의를 기울이되, 아이의 행동 하나하나를 제한하지는 않도록 해 주세요.

학생들이 학교의 주체로서 자신의 행동과 선택에
책임감을 길러 가는 신학기가 될 수 있도록
가정에서 따뜻한 격려를 해 주시고,
많은 대화와 소통도 이루어지길 바랍니다.

이것만은 꼭!

신학기를 맞이할 때마다 누구나 설렘과 두려움을 가지게 되지요. 우리 아이가 새로운 환경에 잘 적응할 수 있을지, 학급 친구들과 선생님은 어떨지… 궁금증과 걱정, 고민들이 무척 많을 때라고 생각합니다. 하지만 그럴수록 아이의 학교생활에 지나친 개입은 삼가해 주세요. 조언은 좋지만, 아이의 행동을 통제하지는 말아 주세요. 아이를 믿고 한 발자국 떨어져 지켜봐 주는 것이 오히려 아이에게 큰 도움이 될 수 있습니다. "이렇게 해 봐. 저렇게 해 봐."보다는 "잘하고 있어."라는 칭찬으로도 충분합니다. 아이에 대한 격려와 응원, 진심 어린 관심으로 아이의 자율성과 주도성이 신학기에 무럭무럭 자랄 수 있도록 도와주세요.

담임 선생님과의 소통은 이렇게

신학기를 앞두고 느껴지는 설렘과 긴장감은 매년 새롭습니다. 학교생활에 대한 기대와 걱정, 앞으로 펼쳐질 1년의 미래를 그리며 상상하는 것은 학생과 학부모, 그리고 교사 모두가 같은 마음이겠지요.

무언가를 시작할 때 첫 단추를 끼우는 일은 무척 중요합니다. 그런 의미에서 학급에서 신학기에 규칙을 정하거나 질서를 정비하는 등의 과정은 필수적인 것이라 할 수 있어요. 하지만 제가 생각하는 학급 운영과 경영의 첫 단추는 바로 관계를 형성하는 것입니다. 서로를 알아야 상대방을 더 잘 이해할 수 있고, 잘 몰라서 하는 실수를 방지할 수 있지요. 예전에 이러한 이유로 동료 선생님과 고민을 공유한 적이 있습니다.

학생이 준비물이나 숙제를 매일같이 챙기지 않아서 오늘은 따끔하게 한마디 했는데, 알고 보니 평일에는 부모님의 부재로 기초적인 돌봄조차 잘 이루어지지 않았더군요. 너무 미안했어요.

교육청이나 여러 기관에서 유익한 지원 프로그램이 많이 시행되는데 조건에 맞는 대상자를 파악하기가 힘들어 좋은 기회를 놓친 경우가 많아요. 지나고 나서 알게 되었을 때 무척 안타깝고 아쉽더군요.

학생에게 직접 물어볼 수도 없고…. 가정환경이나 개인 사정 등은 민감한 부분이라 따로 조사하지 못하는 분위기이다 보니, 아이들에 대한 정보가 교사에게 공유되지 않는 경우가 많네요.

개별 사정들을 속속들이 알지 못하니 혹시나 말실수를 할까 봐 매번 걱정이 돼요.

친구나 가족, 교사와 학생 사이에서도 관계란 무척 중요합니다. 개인 간의 이해보다 상황에 대한 관철이 우선시된다면, 신뢰는 사라지고 위태롭고 불안한 줄타기와 같은 관계로 남을 것입니다.

그렇기 때문에 학기 초의 상담 주간은 반드시 챙겨 주셨으면 하는 바람이 있습니다. 방문이 어렵다면 전화 상담이라도 꼭 응해 주셨으면 해요. '이런 말을 해도 될까?', '나쁘게 생각하면 어쩌지?'라고 고민하지 않으셔도 됩니다. 담임을 맡으면 아이의 말과 행동에서 사소한 정보라도 캐치하기 위해 애를 쓰게 되는데, 그럼에도 한계가 있지요. 교사들도 잘 몰라서 아이에게 상처 주고 싶지 않습니다. '알았다면 이렇게 해 줄 걸….' 하고 후회하고 싶지 않아요. 작은 관심을 통해 아이가 잘 성장하기만을 바란답니다. 그러니 교사가 참고하면 좋을 부분이 있다면 아주 작은 정보라도 이야기해 주세요.

아이의 history를 들려주세요.

아이를 돌봄에 있어 시작점으로 여기는 것이 각자 서로 다를 수 있습니다. 추구하는 방향이나 가치관은 오히려 같기가 어렵지요. 하지만 아이들을 키우기 위한 교육 공동체로서 함께 나아가는 길의 가치는 더없이 소중합니다. 한 아이는 우리 모두의 아이라는 말처럼, 함께 나누고 충분히 소통하며 시너지 효과를 내는 가정과 학교가 되었으면 좋겠습니다.

이것만은 꼭!

교육 공동체로서 아이에 대한 정보나 역사를 파악하는 것은 무척 중요합니다. 학기 초 상담 주간을 활용하여 교사에게 아이의 이야기를 많이 들려주세요. 정서적인 것이든 물리적인 것이든, 교사로서 아이에게 해 주었으면 하는 것과 하지 말아야 하는 것을 미리 알려 주세요. 선생님이 잘 몰라서 아이에게 상처를 주지 않도록, 실수를 미리 예방할 수 있도록 해 주세요.

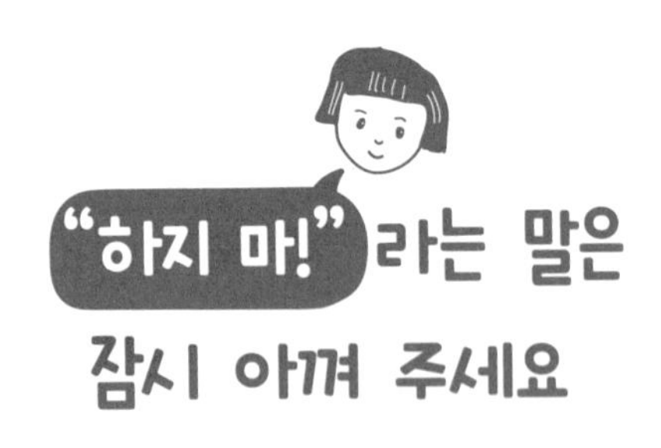

"하지 마!"라는 말은 잠시 아껴 주세요

"하지 마! 안 돼! 기다려!"

이 말들은 초등학생, 혹은 그보다 어린 아이를 키우는 분이라면 어떤 상황에 의해, 또는 아이의 행동을 교정하기 위해 한 번쯤은 해 보았을 말입니다. 아이를 다독이거나 어떤 행동을 교정하고자 할 때, 특히 아이가 해야 할 일을 미루며 다른 것에만 집중하고 있을 때 반복적으로 계속하는 말이지요. 교실에서 아이들과 마주하는 저도 그렇습니다. 누군가 수업과 관계없는 불필요한 말을 쏟아 낼 때, 학습 활동을 배척하고 혼자만의 시간에 빠져 있을 때 눈빛이나 말로 "하지 마!"라고 외치게 되더군요. 그런데 이런 저의 외침이 아이들에게 무조건적으로 닿지 않는다는 것을 잘 알고 있습니다. 오히려 아이들에게는 일방적인 간섭으로 느껴져 더 깊은 갈등으로 이어질 수 있다는 불안감도 있지요. 어느 날은 문득 그런 아이들의 모습을 보고 '왜?'라는 궁금증이 떠올랐습니다.

'왜 지금 저런 이야기(행동)를 하지?'

'왜 스마트폰을 계속 만지지? 무엇이 그렇게 재미있는 것일까?'

'왜?'

한번 생각해 보신 적이 있나요? 왜 아이들이 갑자기 돌발 행동을 하는지, 눈을 뜨자마자 스마트폰을 잡게 되는지, 스스로 조절할 수 없을 만큼 게임에 빠지게 되는지, 하지 않았으면 하는 행동을 하고 있는 것인지…. 아이들의 시선과 입장에서 이러한 것을 고민해 보신 적은 아마 그리 많지 않을 거예요. 그런데 아이들의 말과 행동의 이유들은 언제나 명확하고, 또 무척이나 단순합니다. 바로 즐거움과 재미를 추구하는 것이지요. 어쩌면 우리는 이처럼 단순하고 간단한 것을 항상 무시하고 있던 것은 아니었을까요?

'브롤스타즈'에 대해 들어본 적 있으신가요? 요즘 초등학생 아이들에게 마인크래프트에 버금가는 인기 스마트폰 게임입니다. 하굣길에 아이들이 삼삼오오 모여 앉아 신나게 게임을 하고 있는 모습을 많이 보았습니다. 그렇지만 쉬는 시간에도 온통 게임 이야기만 하는 아이들의 말에 진정으로 귀를 기울인 적은 거의 없었어요. 다만 '수업 시간에도 저렇게 즐거워했으면….' 하는 마음은 내심 가지고 있었습니다. 그러던 어느 날 교원 연수를 통하여 게임을 수업에 접목하는 게이미피케이션(Gamification)에 대해 알게 되었습니다. 바로 게임의 요소나 규칙, 전략과 관련된 일련의 사고 과정을 학습 활동으로 가지고 오는 것이지요. 여러 장점 중에서도 가장 매력적이었던 것은, 아이들이 왜 게임을 좋아하고 계속하고 싶어 하는지에 대한 분석을 바탕으로, 공부도 즐겁고 재미있게 또 자연스럽게 유도할 수 있다는 점이었습니다. 저는 아이들이 열광하는 브롤스타즈 게임을 수학 수업의 소재로 써 보기로 했어요. 분명 힘들어하고 어려워하던 수학 시간이었는데, 게임의 배경(세계관)과 캐릭터가 등장하자마자 아이들은 눈을 반짝이고 귀를 쫑긋 세우며 집중을 하더군요! 특히 제가 설정한 게임 규칙이나 전략을 활용해 마치 게임을 하듯 문제를 해결해 나가는 모습들이 인상 깊었습니다.

'아, 내가 먼저 아이들 눈높이에 맞춰야겠구나.'
하고 깨달은 순간이었습니다.

무조건 하지 말라고 하기 전에 어떤 이유 때문에 하는지를 확실하게 알아보고 이야기해야겠다고 생각했지요. 학부모님들도 무엇이든 아이들과 같이 해 보세요. 어쩌면 허울 좋은 말로만 들릴 수도 있지만, 아이들이 결코 아무 이유 없이 한눈을 파는 게 아니라는 것을 우리 모두는 알아야 합니다.

저 같은 경우는 무작정 규범을 따르도록 통제하는 것보다는, 아이들의 관심사를 통해 접근하는 것이 더욱 효과적으로 느껴졌습니다. 또 그것이 새로운 호기심으로 이어질 수도 있지요. 아이의 말과 행동을 제한하는 부정적인 말들을 어쩔 수 없이 하게 된다는 것에 대해서는 모두가 같은 마음일 것이라고 생각합니다. 학급 질서나 규칙을 지키기 위해 "하지 마!"와 같은 표현들을 말하는 경우도 있지만, 이를 최소한으로 사용하려고 노력하고 있습니다.

가정에서도 학업이나 스마트폰 등의 이유로 마찰이 잦을 거라 생각됩니다. 많은 학부모님들께서 그 부분에 대한 고민을 털어놓으시지요. 눈을 뜨자마자 스마트폰을 보는 학생, 게임에 빠져 스스로를 조절할 수 없는 학생 등 여러 사례가 있었습니다. 가정에서 부모님들이 "스마트폰 좀 그만 봐." 또는 "게임 좀 그만해."라고 하며 일방적인 "하지 마!" 사인을 보내기 전에 우리 아이가 어떤 게임에 몰입하는지, 어떤 영상이나 콘텐츠를 보고 있는지 등을 살펴보세요. 그리고 부모님들도 직접 그 게임이나 영상을 체험해 보면서 우리 아이가 왜, 어떤 점 때문에 여기에 몰입하는지를 알아보셔야 합니다. 스트레스 해소를 위한 것인지, 아니면 단순히 심심한 시간을 때우기 위해서인지를 알아보세요. 그 다음에 아이의 관심을 운동이나 야외 활동, 놀이, 독서 등으로 돌리는 시도를 해 보면 어떨까요? 소중한 초등학생 아이들이 맘껏 뛰어놀며 몸도 마음도 건강하고 밝게 자라도록 가정과 학교에서 함께 보살펴 줍시다.

이것만은 꼭!

아이들과 함께 있을 때 자신도 모르게 "하지 마."라는 말을 했던 경험이 있으시지요? 그 말을 꺼내기 전에, 아이가 왜 그 행동을 시작했는지에 대해 한번 생각해 보시길 바랍니다. 아이의 주의를 끈 것은 무엇이었는지, 아이가 왜 관심을 보이고 몸을 움직이게 되었는지를 먼저 이해할 필요가 있습니다. 어른의 입장에서 불필요하다고 생각되는 행동에 대한 단순한 제지는 아이의 무궁무진한 호기심과 잠재력을 집어삼키게 될 수도 있기 때문입니다.

산만한 행동 다시 보기

아이가 가만히 앉아 있지 않아서, 시도 때도 없이 손발 등을 움직여서, 혹은 아이의 어떤 남다른 모습들을 보고 '우리 아이는 다른 또래들과는 조금 다른 것 같아.'라고 생각한 적이 있으신가요? 아이를 키우고 돌보는 입장에서는 아이의 아주 사소한 행동도 놓치지 않으려 노력하게 되고, 그에 따른 걱정과 고민들은 당연한 것이라 생각합니다. 또 학교에서도 그런 성향을 띠는 아이에게 저도 모르게 눈이 가곤 합니다.

여느 곳들과 다르지 않게 저희 반에도 그런 아이가 있었어요. 수업 활동에 잘 참여하지 않고, 과제 수행도 더디며, 산만하다고 해야 할지 조용하다고 해야 할지, 어쨌든 행동을 예측할 수 없는 아이가 있었습니다. 아무 말 없이 한참 동안 허공을 바라보기도 하고, 책상을 두드리기도 하고, 어떤 날은 낙서처럼 보이는 무언가를 오랜 시간 그리기도 했었지요. 처음에는 "지금 뭐 하는 거예요?", "이것 먼저 끝내고 하세요."라는 말들을 무척 자주 했어요. 다른 학생들의 학습권을 침해할 우려가 있을 때에는 수업과 관계없는 아이의 행동을 직접 제지하기도 했습니다. 그럴 때마다 아이는 제 말을 듣는 것 같았지만, 결국 그 순간에 불과했어요. 제가 뒤를 돌자마자 아이는 그 행동들을 계속했지요. 다른 친구들이 "선생님! ○○이가 모둠 활동에 참여를 안 해요.", "○○이 혼자 다른 거 하면서 방해해요."라며 불만을 토로하는 날도 적지 않았습니다. 그럴 때마다 타이르기도 하고, 상담을 하기도 하면서 아이의 행동을 교정하기 위해 꽤 많은 노력을 했지만 쉽게 변화시킬 수는 없었습니다.

그 아이는 학교에서 이루어지는 모든 활동 중 그 어떤 것에도 흥미를 보이는 것 같지 않았어요. 그러던 어느 날 그 아이가 미술을 좋아한다는 것을 알게 되었습니다. 특별한 계기가 있지는 않았지만, 저에게 자신이 그린 그림을 소개하고 자랑하는 모습이 무척 즐거워 보였고, 미술 시간만큼은 누구보다 열정적으로 참여하고 시간 가는 줄도 모른 채 몰두했기 때문에 그 사실을 알게 되었지요.

모든 경우가 그렇다고는 할 수 없지만, 거의 대부분의 아이들은 이유 없는 행동을 하지 않습니다. 자신만의 세상 안에서 무언가를 계속 형성하고 있는 과정이 겉으로 표출되는 것이지요. 그렇기 때문에 아이에 대한 이해와 관심이 부족하면, 아이의 잠재력은 산만함으로만 치부될 수 있습니다.

저 또한 그 아이에 대해
조금 더 알게 된 후부터는
아이의 시선이 이해되기 시작했어요.

그냥 멍하게 허공을 바라본다고 생각했던 것이 저의 오해였다는 것도 알게 되었습니다. 아이는 오로지 자신이 정한 목표물에만 정신을 집중하며 그 부분들을 세심하게 관찰하고 있었던 것이었습니다. 바로 그림을 그리기 위해서 말이지요.

그렇다고 해서 다른 수업을 무시한 채 매번 그림만 그리게 할 수는 없었습니다. 또 "일단 넣어 둬!"라는 잔소리만 달고 살 수도 없는 노릇이었어요. 그래서 아이에게 주어지는 인풋(input)에 변화를 주기로 결정했습니다. 즉, 그 아이를 위해 수업에서 사용할 자료들을 많이 다듬어 학생 개개인에게 최적화된 개별화 자료를 투입하게 된 것입니다.

미술이 아닌 다른 과목에서도
아이가 흥미를 가지고 참여할 수 있도록
시각적인 단서를 주거나 표현 양식의 자유를
허용해 주는 것처럼 말이지요.

예를 들어, 학습한 과학적 지식을 실험 관찰이나 공책에 정리할 때 굳이 글로 나타내지 않아도 된다든가, 문학 작품을 다룰 때 떠오르는 장면이나 심상을 그림으로 표현해 보도록 했어요. 다른 교과에 그림과 같은 개방적인 표현을 허락한 것은 단순히 수업 참여를 위한 회유가 아니었습니다. 이를 과제 수행에 대한 책임감과 끈기를 길러 주기 위한 수단으로 활용한 것이었지요. 자신이 좋아하고 원하는 것을 통해 수업에 참여하도록 하되, 실제로는 각 교과의 성취 목표로 유도하는 저의 노림수이기도 했고요. 또 평소 개별적인 행동 때문에 다른 아이들이 반감을 가지고 있던 터라, 그 아이가 배척되지 않도록 활동에서 어떤 역할을 부여하고 소속감과 협동심을 길러 주기 위함이었습니다.

학기 말이 되었을 때 그 아이의 태도에 변화가 있었을까요? 결론부터 말하자면, 아이는 공부 시간과 쉬는 시간을 분명하게 구분할 수 있게 되었고, 다른 활동들에도 즐겁게 참여하는 날이 많아졌습니다. 아이의 행동에 대하여 학업적인 부분만을 가지고 산만함의 여부를 판단하지 말아 주세요. 먼저 아이가 집중력을 보이는 것(과목, 활동, 놀이 등)이 무엇인지를 깊이 생각해 보는 것이 필요합니다. 집중하지 못한다는 것은, 다른 것을 마음에 품고 있다는 뜻이기도 하지요. 따라서 아이의 흥미나 관심을 고려하지 않고 행동적인 측면에서만 집중력을 향상시키려는 노력은 아무 의미가 없게 됩니다.

이것만은 꼭!

아이가 오랜 시간 집중하지 못하고, 다른 것에 쉽게 주의를 빼앗기며, 가만히 앉아 있지 못한다고 해서 '산만하다.'라고 섣불리 판단하지 말아 주세요. 아이가 쉬지 않고 손을 움직인다면, 그 손으로 표현하고 있는 것이 무엇인지를 먼저 알아낼 필요가 있습니다. 최근에 아이가 자주 말했던 것이 있는지, 보았던 것이나 들었던 것은 무엇인지를 바탕으로 추측해 나가야 합니다. 아이가 다른 무언가에 '집중'하고 있다는 것을 염두에 두면서 아이의 또 다른 가능성을 발견해 내려는 자세가 무척 중요합니다.

2장

공부 습관 형성과 자녀의 학습 성향 파악

초등학생 시기는 공부 습관 형성의 최적기

저는 초등학생 시기가 아이의 공부 습관을 형성해 줄 수 있는 최적기라고 생각합니다. 이때가 지적 호기심이 왕성하고 엄마 말도 잘 듣는 시기여서 자녀의 공부 습관을 형성해 주는 것이 비교적 용이하기 때문입니다. 초등학생 시기에는 아이의 정서적 발달과 신체적 성장 등에 많은 신경을 써야 하고, 한편 읽고 쓰고 셈하는 기초적인 학습 능력도 형성하도록 해야 합니다. 본격적인 공부는 중고등학교에서 하게 되지만 초등학생 시기에 공부 습관을 만들어 놓으면, 상급 학교로 갈수록 점차 수준과 깊이가 더해지는 과목들을 잘 공부할 수 있게 됩니다. 또 중학생 시기에는 사춘기라는 엄청난 파괴력을 가진 복병이 기다리고 있는데, 엄마의 말이 더 이상 통하지 않고 공부에도 싫증을 내는 아이들이 많아지지요.

그렇기 때문에 사춘기 이전에
우리 아이가 공부 습관을 형성하도록
도와주는 것이 현명할 듯합니다.

초등학생 아이가 공부 습관을 형성하도록 도와주려면 우리 엄마들이 어떻게 하면 좋을까요? 제 아이가 초등학생이었을 때 저는 공부 습관을 형성하기 위해, 아이가 학교나 학원에서 배운 내용을 그날 안에 간단하게라도 복습하도록 도와주었습니다. 이 시기의 아이들은 학교나 학원에서 내 주는 숙제를 하는 것이 공부의 전부인 줄 알더군요. 물론 숙제도 중요한 공부입니다. 그러나 숙제가 없거나, 아주 부분적인 내용만 커버하는 숙제를 받은 경우도 많아서 오늘 배운 내용에 대한 복습 과정은 꼭 있어야 합니다. 아이가 배우기만 하고 정리하고 연습하는 과정을 거치지 않으면, 제대로 된 학습이 이루어지기 힘들기 때문입니다.

우리는 '학습(學習)'이라는 말을 들으면, 학교 교실에서 수업 시간에 아이가 무엇인가를 배우는 이미지만을 떠올릴 때가 많습니다. 그러나 배우는 '학(學)'이 이루어진 후에 반드시 익히고 연습하는 단계인 '습(習)'이 뒤따라야 제대로 된 학습이 이루어지는 것입니다. 아이가 학교에서 무언가를 배웠는데 무엇을 배웠는지 정확히 알지 못하거나 잊어버렸다면, 그것은 온전한 학습이라 할 수 없지요.

배우는 일도 중요하지만
배운 것을 익히고 복습하는 과정도
그에 못지않게 정말 중요합니다.

그래서 저는 배운 내용을 복습하는 것이 공부 습관 형성을 위한 핵심이라고 생각합니다.

그러면 아이의 복습을 어떻게 도와주는 것이 효과적일까요? 아직 공부 방법도 모르는 초등 저학년 아이에게 혼자서 복습하라고 하는 것은 적절하지 않아요. 아이가 오늘 배운 전과목을 모두 복습할 수는 없다 하더라도, 주요 과목들은 아이와 함께 가정에서 복습하는 것이 좋겠습니다. 엄마가 아이와 함께 복습을 한다고 해서 과하게 많은 시간과 노력을 들여야 하는 것은 결코 아니에요.

처음에는 그날 배운 내용이 무엇인지
간단히 물어봐 주는 것만으로도 충분합니다.

초등 저학년 아이들은 아직 내용을 정리하거나 요약하는 법을 터득하지 못한 단계이므로, 간단한 질문으로 복습을 시작하세요. 아이와 같이 교과서를 한 번 더 읽고, 내용에 대해 묻고 답하면서 배운 내용을 정리하게 도와주면 됩니다.

그런데 아이가 오늘 무엇을 배웠는지 잊었거나, 잘 말하지 못하는 경우도 종종 있을 수 있어요. 비록 아이가 배운 내용의 핵심을 잘 말하지 못한다고 해도, 오늘 그 과목에서 무엇을 배웠는지 떠올려 보게 하는 것만으로도 의미가 있다고 생각합니다. 아이가 비슷하게라도 말하면 과하다 싶을 정도의 칭찬을 해 주세요. "아이구, 우리 ○○이가 이렇게 씩씩하게 대답하는 걸 보니, 수업 시간에 선생님 설명을 참 열심히 들었구나. 정말 멋진데." 하고요. 이 시기의 아이들은 부모님이나 선생님의 칭찬을 먹고 자라더군요. 특히, 초등학생 아이들은 칭찬을 받으면 더욱 신이 나서 열심히 하잖아요. 그래서 바로 이때가 우리 아이의 공부 습관을 형성할 수 있는 절호의 기회이자 골든타임인 것입니다.

이것만은

꼭!

초등학생 때는 지적 호기심이 왕성하고 엄마 말도 잘 듣는 시기이므로, 공부 습관을 형성해 줄 수 있는 최적기입니다. 초등 저학년들은 혼자 공부하게 하는 것보다는, 아이가 공부하는 방법을 터득할 때까지만이라도 엄마가 함께 복습해 주시고, 숙제도 확인해 주시는 것이 좋습니다. 많은 시간과 노력을 들이는 부담스러운 복습을 말하는 것이 아닙니다. 그날 배운 주요 과목의 핵심 내용을 간단히 정리해 보고, 주요 내용이나 핵심 활동을 반복하여 연습하거나 익히게 하는 정도의 부담 없는 복습이어야 오래 진행할 수 있어요. 복습을 꾸준히 하도록 옆에서 도와주시면 아이들은 복습을 습관처럼 자연스럽게 받아들이게 되고, 공부하는 방법도 조금씩 터득하게 됩니다.

저는 우리 아이가 초등 저학년일 때부터 함께 복습을 해 주고 숙제도 확인해 주면서 아이가 공부 습관을 형성하도록 도왔습니다. 학교나 학원 등에서 배운 내용을 그날 안에 아주 간단하게라도 복습하도록 함께 공부해 주었지요. "오늘 국어 시간에 무엇에 대해서 배웠어? 엄마한테 얘기 좀 해 줘." 이런 식으로 부드럽게 물어보면, 아이는 복습이나 공부를 한다기보다는 엄마한테 뭔가를 알려 주고 이야기를 들려준다고 생각하고 신이 나서 말을 해 주었어요. 아이는 공부가 아니라 또 다른 형태의 놀이를 엄마와 한다고 생각하는 듯 보였습니다.

초등 저학년 아이들은 이렇게 천진난만하고 순수해서, 너무 과하지 않은 분량을 짧게 물어보면서 함께 공부해 주면 복습도 즐겁게 할 수 있어요. 그리고 아이가 엄마와의 복습에 싫증을 내고 지루해하지 않도록, 아이의 기분이나 컨디션에 따라 완급을 조절하세요. 공부라는 부담감을 덜 주면서 배운 내용을 확인하고 반복해서 연습하게 하는 것이 좋습니다.

처음에는 이렇게 놀이하듯이 부담 없이 시작한 복습이었어요. 그러다

시간이 지나 학년이 올라가면서 공부 내용이 많아지고 수준이 높아짐에 따라, 간단했던 복습 과정도 점차 길어지고 정교화되었습니다. 아이 혼자 하는 것이 아니라 엄마가 함께 꾸준히 복습해 주었더니, 점차 아이 스스로 조금씩 배운 내용을 정리하고 요약하는 법을 터득하게 되더군요. 그래서 우리 아이는 초등 고학년 때부터 독립적으로 복습과 공부를 할 수 있게 되었습니다.

제가 경험해 보니, 복습의 효과는 단순히 배운 내용의 정리와 확인에서 그치지 않았습니다. 학교나 학원에서 배운 것을 확인하고 연습하는 것만으로도 학습상 대단히 의미 있는 일이지만, 복습의 진정한 효과는 따로 있었어요.

> 아이가 이번에 배운 내용을 제대로 복습했더니,
> 학교나 학원에서 다음 진도를 나갈 때
> 훨씬 더 자신감 있게 수업을 들을 수 있었고,
> 선생님의 설명도 더 잘 이해할 수 있게 되었습니다.

특히 수학이나 과학 같은 과목들은 앞 단계와 다음 단계가 체인처럼 연결된 단계형 과목이어서, 앞의 내용을 이해해야 다음 내용도 잘 이해할 수 있습니다. 학교에서 배운 내용을 집에서 간단히라도 복습하고 가면, 배운 내용을 잊어버리지 않고 조금이라도 더 기억한 상태로 다음 수업을 듣게 되지요. 그러면 다음 수업도 훨씬 수월하게 이해하고 배울 수가 있었어요. 이렇게 하면서 우리 아이는 공부에 자신감과 재미를 붙이게 되었고, 엄마가 시키지 않아도 스스로 알아서 공부하는 아이가 되어 갔습니다.

아이와 함께 복습을 할 때 저는 아이가 조금만 잘해도 아주 기뻐하며 크게 칭찬해 주었어요. 이때 아이가 무엇을 잘해서 칭찬 받는지 확실히 알 수 있게, 명시적 표현을 사용하여 구체적으로 칭찬을 해 주었습니다. 또 아이의 능력에 대해서 칭찬하는 것이 아니라, 아이의 노력에 대해서 칭찬했어요. "우와! 우리 아들은 오늘 수학 시간에 받아 올림이 있는 두 자리 수의 덧셈을 아주 잘 배워 왔네. 수업 시간에 선생님 설명을 정말 열심히 들었나 봐. 참 대단해!" 이런 칭찬을 들으면 천진난만하고 순수한 우리 아이는 "엄마, 나 천재인가 봐. 친구들이 어렵다고 잘 못 풀었는데 내가 제일 빨리 풀어서 선생님한테도 칭찬 받았어."라고 자랑도 하면서 신나서 더욱 복습에 열중했지요. 칭찬은 아이에게 자신감과 자존감을 심어 주는 최고의 비법이었어요. 이렇게 칭찬과 격려로 아이의 복습 과정을 함께하면서 아이에게 서서히 공부하는 습관을 들여 주었습니다.

그리고 공부 습관 형성을 위해
아이의 숙제도 매번 확인했습니다.

숙제를 할 때 아이 혼자서 할 수 있는 것은 혼자 해결하도록 하되, 숙제한 것은 반드시 제가 확인해 주었어요. 엄마와 함께 간단하게 복습을 한 상태에서 숙제를 한 경우도 있었고, 숙제가 많거나 급해서 숙제부터 먼저 한 경우도 있었습니다. 이렇게 숙제를 확인해 주면서 우리 아이가 무엇을 아직 이해하지 못했는지를 파악할 수도 있었고, 어떤 것을 좀 더 보충해 주면 좋겠다는 아이디어를 얻을 수도 있었지요.

부모님이 자녀의 숙제를 확인해 주는 것은 학습 지도상의 장점도 분명히 있습니다. 하지만 그보다 아이가 알림장을 보고 숙제가 무엇인지 스스로 확인하고, 숙제를 기간 내에 꼭 해내는 습관을 들인다는 측면에서 더욱 중요하다고 생각합니다. 과제를 미루지 않고 제때 해결하는 습관을 들임으로써 아이의 책임감과 성실성도 함께 기를 수 있습니다.

이처럼 초등 저학년 때부터 아이와 함께 복습을 해 주고 숙제한 것을 꾸준히 확인해 주었더니, 아이가 공부에 재미와 자신감을 가지게 되었고 공부 습관도 서서히 형성되더군요. 습관을 형성하기 위해서 공부를 몇 시간이고 오래 시키자는 것이 아닙니다. 공부 습관은 며칠 동안 과하게 공부시킨다고 해서 형성되는 것이 아니라, 가랑비에 옷 젖듯이 조금씩이라도 꾸준히 공부할 때 형성되는 것이에요. 아이가 많은 양의 공부를 하도록 밀어붙이면 오히려 공부에 거부감을 갖고 싫증을 낼 수 있으므로, 숙제를 성실히 해내고 그날 배운 것은 그날 해결하는 정도의 복습을 끈기 있게 하는 것이 중요합니다.

배운 내용을 정리하고 복습하고,
숙제를 정해진 기간 내에 하도록 돕는 일이
바로 공부 습관 형성의 핵심이라고 생각해요.

어머니들, 혹시 좋은 학교나 학원을 선택해서 보내면 아이의 공부가 저절로 되는 것이라 생각하시는 분이 계신지요? 물론 부모님이 직장 일이나 집안일로 많이 바쁘셔서, 따로 아이의 공부를 봐주실 여력이 없는 경우도 있습니다. 그런데 제가 경험하기로는 초등학생 시기가 공부의 기초를 세우는 시기이고, 공부 습관 형성의 골든타임인 것만은 분명한 듯합니다. 이런 절호의 기회를 최대한 살려서 자녀가 초등 저학년일 때 몇 년만이라도 엄마가 함께 복습해 주시고 숙제를 봐주시면, 우리 아이들에게 평생토록 도움이 될 공부 습관을 형성해 주실 수 있습니다.

이것만은 꼭!

초등학생 자녀의 복습을 도와주고 숙제를 확인해 주시면, 아이가 공부 습관을 형성할 수 있는 토대를 마련할 수 있습니다. 또 그뿐만 아니라 아이가 학교 수업에 더욱 자신감을 가질 수 있게 되고, 공부에 재미를 붙일 수 있어요. 수학처럼 단계와 단계가 연결되어 있는 과목은 앞 단계를 익혀야 다음 단계를 이해할 수 있으므로 복습과 연습이 반드시 필요합니다. 초등 저학년 때까지 엄마가 함께 복습을 해 주시면 아이는 공부하는 방법을 터득하게 되고, 학년이 올라가면서 독립적으로 공부하는 아이가 될 수 있습니다.

자녀 교육의 시작은 학습 성향 파악에서부터

요즘 학부모님들은 심리 검사, 학습 성향 검사 등을 활용하여 자녀의 진로를 찾는 데 관심이 많으십니다. 과거에는 '성장관'이라고 하여 자녀에게 학습 동기를 심어 주고 역경을 이겨내는 하나의 방법으로 교육을 강조하였지요. 이에 비해 최근에는 물질적 풍요로 인해 자녀들에게 다양한 교육 기회를 제공하고, 자녀들이 원하는 진로를 선택하게 해 주려는 성향이 강합니다. 이런 추세에 발맞추어 학생들을 위한 심리 검사 등이 활발하게 개발되고 있으며, 다중지능 검사, MBTI, 그리고 에니어그램 같은 심리 검사들이 대중적으로 사용되고 있습니다. 이 중 대표적으로 다중지능, MBTI, 에니어그램이 어떤 검사인지에 대하여 알아보면, 우리 아이에게 적합한 검사를 찾는 데 도움이 될 것입니다.

다중지능 검사는 하버드대학교 교육심리학과 교수인 하워드 가드너(Howard Gardner)가 개발한 것입니다. 이 검사는 기존의 IQ테스트가 수리·논리력 측정에 치우쳐 있다는 한계점과, 자폐나 지적 장애를 가졌지만 특정 분야에서 천재성을 보이는 서번트 신드롬을 가진 학생들의 지능을 측정하기 어렵다는 한계점을 극복하기 위해 만들어진 것이에요. 다중지능 검사는 기본적으로 인간에게는 7~9가지의 지능 영역이 있고, 각 지능 영역마다 강점과 약점을 가지고 있다는 체계로 이루어져 있습니다. 초기에는 언어지능, 논리·수학지능, 시각·공간지능, 음악지능, 신체운동지능, 대인관계지능, 자기반성지능, 자연탐구지능 등 8가지의 영역이었습니다. 최근에는 영성지능이라는 새로운 영역이 추가되어 9가지 영역으로 인간의 지능을 나누어 놓고 측정합니다. 아마도 연구가 계속된다면 더 많은 수의 지능 영역이 나올 것입니다.

특히 초등학교에서 다중지능 검사를 많이 하는데, 여러 지능 영역이 한창 발달되고 있는 학생들의 상태를 알아볼 수 있습니다.

또 수리·논리력을 벗어나
다양한 지능 영역의 발달 수준을 알아볼 수 있다는
장점을 가지고 있어요.

다만, 문화적 배경이 다른 학생들이 다중지능 검사를 받게 되면 일부 영역에서 다른 결과치가 나올 수도 있다는 점에 유의해야 합니다. 그래서 한국형 다중지능 검사가 개발되었고, 계속 보완·발전 중에 있습니다.

사람의 성격을 분류하여 상호 간의 성격 이해를 돕기 위해 개발된 MBTI는 심리학자 융(Jung)의 심리유형론을 토대로 마이어(Myers)와 브릭스(Briggs)가 만든 성격 유형 검사입니다. 융은 인간의 행동이 질서정연하며 일관된 경향을 보인다고 주장하였는데, 이러한 융의 이론을 정교화하여 개발한 지표가 MBTI입니다.

MBTI 지표는 내향-외향, 감각-직관, 사고-감정, 인식-판단을 활용한 16가지 조합형 성격으로 구성되어 있어요. 그리고 이 16가지 조합형은 인간이 태어날 때부터 본질적인 성격을 지니고 태어난다는 전제를 기반으로 하고 있습니다.

MBTI는 양자택일 방식의 선택지로 되어 있어 개인이 쉽게 답할 수 있고, 검사가 상대적으로 간편해서 널리 사용되고 있습니다.

그러나 MBTI는 성격을 표현할 변수를 도출한다기보다는 16가지 성격의 유형을 측정하기 때문에, 개인 간 미세한 차이를 명쾌하게 나타낼 수 없다는 단점을 가지고 있습니다. 또 MBTI는 성격 측정에 사용되는 설문이 양자택일 형식의 선호유형 선택으로 되어 있어, 극단적이며 포괄적이지 못하다는 비판을 받고 있어요.

에니어그램의 체계를 살펴보면, 에니어그램은 아홉 가지로 이루어진 인간의 성격 유형과 유형들의 연관성을 표시한 기하학적 도형으로, 크게 원과 삼각형 헥사드(육각형)로 이루어져 있습니다. '에니어그램(enneagram)'이라는 단어는 그리스어에서 그 어원을 찾을 수 있습니다. '에니어(ennea)'는 아홉을 뜻하고, '그램(gram)'은 '그라모스(grammos)'에서 나온 말로 점(point) 또는 그림이라는 의미를 갖고 있습니다.

또 '원'은 우주 만다라로 통합, 전체, 단일성을 가리키고, '원둘레'는 연속 순간인 시간의 흐름을 뜻합니다. '정삼각형'은 안전과 균형을 상징하는 도형으로, 여러 종교에서 중요하고 핵심적인 개념으로 쓰여 왔지요. 사물과 인간 성장의 진행 방향을 뜻하는 헥사드는 1, 4, 2, 8, 5, 7로 이어집니다. 이 순서는 1을 7로 나눈 수인 0.142857…의 순서에서 기원한 것으로, 존재하는 모든 것은 정지되어 있지 않고 변화한다는 것을 의미합니다. 에니어그램의 상징인 원과 삼각형, 좌우 대칭적인 선들인 헥사드의 모양을 통해 인간 성격의 완성, 성격의 긍정적인 방향과 부정적인 방향으로의 역동성 등을 이해하게 됩니다. 이러한 체계를 갖고 있는 에니어그램은 우리가 이미 알고 있는 자신의 모습을 더 깊이 이해할 수 있도록 도와주는 영성적인 심리학의 한 체계로 이해할 수 있습니다.

이 외에도 STS(Step of Studying)란 학습 성향 검사도 있어요. STS는 번개형-장마형, 우주형-행성형, 몰입형-멀티형 그리고 VR형(가시형)-AR형(체험형) 등의 기준을 활용하여 16가지 학습 유형으로 분류한 것입니다. 이 진단 검사의 장점은 온라인을 통한 학습 성향을 반영하고, 표준화된 학습 및 교육과정을 제시한 점입니다.

그럼 이렇게 다양한 진단 검사들을 어떻게 활용하면 좋을까요? 먼저, 학습 성향 검사 결과가 모든 과목이나 학습 영역에 적용되는 것은 아니라는 점을 이해하셔야 합니다. 학생들은 잘하는 과목에서 보이는 성향과 어려워하는 과목에서 보이는 성향이 다릅니다. 그렇기 때문에 검사 결과를 참고하되 어떤 과목이나 어떤 학습 분야에서 결과지와 일치하는 특성을 가지는지, 혹은 일치하지 않는 특성을 가지는지를 관찰하고 주기적으로 메모해 놓으시는 게 좋습니다. 그러면 자녀의 성장 과정을 이해하는 데 도움이 될 것입니다.

초등학생 자녀의 학습 성향 검사 시 유의점과 학습 가이드

초등 저학년 학생들을 위한 학습 성향 검사를 할 때에 유의해야 할 점이 있습니다. 저학년들은 글을 읽고 이해하는 능력에 따라서 학습 성향 검사의 결과가 달라질 수 있습니다. 간혹, 아이가 글을 잘 읽지 못해서 부모님이 검사지를 읽어 주면서 학습 성향 검사를 진행하는 경우도 있습니다. 이럴 경우에 아이는 부모님의 눈치를 보다가 자신이 생각하는 답변을 체크하기 어려울 수도 있어요.

그래서 글자를 읽어서 이해하는 능력인
문해력이 약한 학생들은 검사를 미루고,
글을 읽고 이해하는 능력이 생긴 후에
검사를 받게 하는 것이 좋겠습니다.

게다가 초등 저학년들은 보통 집중할 수 있는 시간이 짧아서, 학습 성향 검사를 하는 동안 주의력이 분산되지 않고 검사에 계속 집중하는 것이 어려운 경우가 많습니다. 그리고 장난기가 많은 학생들은 검사지를 제대로 읽지 않고 장난하듯이 엉뚱하게 체크를 하기도 하지요. 따라서 이러한 점들을 고려하여 검사 전에 충분히 검사의 목적이나 필요성을 설명해 주는 것이 도움이 됩니다.

초등 고학년 이상의 학생들의 심리 검사나 학습 성향 검사를 진행할 때에도 유의할 점이 있습니다. 초등 고학년 이상의 학생들은 검사지를 읽어내는 문해력은 충분하지만, 다른 심리적인 요인 때문에 한두 번의 검사 결과를 완전히 신뢰하기는 어렵습니다. 초등학교 6학년에서 중학교 2, 3학년 때에는 학생들이 심리 검사를 지필 시험으로 생각하여, 뭐든 좋은 것이나 강점으로 생각될 만한 것을 선택하는 경향이 있기 때문이에요. 이러한 이유로 초등학교 6학년과 중학교 3학년 때의 검사 결과가 균형형으로 나오는 경우가 많습니다. 즉, 모든 영역에서 균형 잡힌 점수를 받아서 문과형 성향인지, 이과형 성향인지 파악하는 데 애를 먹을 때가 있지요.

그러므로 주기적으로 검사를 하면서
자녀의 성향을 파악해 보는 것이 좋습니다.

그러면 초등학생 자녀의 심리나 학습 성향을 분석한 후, 이를 활용하여 학습 활동에 어떻게 적용시키면 좋을까요? 초등 저학년은 기본적인 학습 태도를 처음으로 형성하는 시기이므로, 놀이적 요소가 담긴 학습을 진행하는 것이 효과적입니다. 예를 들어, 외부의 영향을 많이 받는 학습 성향을 가진 학생들의 경우에는 부모님이 책을 읽거나 공부하는 모습을 보여주거나, 곁에서 함께 있어 주는 것이 필요합니다. 이와 달리, 스스로 골똘히 생각하며 공부하려는 학생들도 있습니다. 이런 경우에는 아이들이 계획을 세우고 이를 따라하는 것이 아직 익숙하지 않기 때문에, 학습할 시간을 알려 주거나 함께 학습 계획을 세워 보는 것이 좋습니다. 즉, 공부하는 습관이 스며들도록 도와주는 것이 필요하지요.

이제 고학년부터는 학습 태도와 습관이 형성된 학생이라면 혼자서 자습이 가능해집니다.

그런데 초등 고학년에게는 혼자 학습하는 것뿐만 아니라, 학급에서 함께 학습하고 활동하는 역량도 필요합니다.

학교에서 모둠별 수업이 서서히 많아지면서, 서로 해야 할 역할을 나누고 책임을 져야 하는 일들이 생깁니다. 이때 리더십이 지나친 학생들은 일을 모두 떠맡아서 하려고 하는데, 그러다 보면 스스로 지치기 쉬워요. 또 학년이 바뀌어도 계속 이러한 태도로 활동을 하다 보면, 의도하지 않았지만 다른 친구들의 학습 기회나 성장 기회를 뺏어 버리는 결과를 가져오기도 합니다.

이와는 반대로, 다른 친구와 모둠 활동을 하는 데 어려움을 겪는 친구들도 있습니다. 혼자 사색하기를 좋아하는 성향을 가진 학생들은 활동 참여 자체에 부담을 느끼고, 자신의 의견을 제대로 밝히지 못하다 보니 손해를 보는 경우도 생기지요. 모둠 활동을 할 때 학생들은 대부분 공평하게 일을 나눠서 하게 되는데, 그러다 보면 학습에 미숙한 학생들은 능력이 드러나게 되고, 이러한 학생들은 조별 활동에서 함께하기 어려운 친구로 인식되기도 합니다. 따라서 가정에서부터 간단한 집 안 청소와 설거지 등의 일상 활동을 자녀들과 함께 해 보셔야 합니다.

그러면서 아이의 특성을 파악하고,
협업 과정에서 필요하다 싶은 것들을
하나씩 알려 주시는 게 좋겠습니다.

말수가 적은 아이라면 중요한 순간에는 꼭 의견을 말하도록 연습을 시켜 주셔야 합니다. 보통 이러한 활동들을 15일 정도 반복하게 되면, 서서히 아이의 습관을 형성할 수 있습니다.

2부
초등학생의
독서와
국어 이야기

1장

초등학생의 독서 지도

책으로 놀아 주기

저는 우리 아이가 아직 한글을 모르던 유년기부터 그림책을 보여 주면서 이야기해 주었고, 서서히 글자가 나오는 그림 동화책을 읽어 주며 아이와 책으로 놀아 주었어요. 어린아이들은 모든 것을 놀이라고 생각하더군요. 한번에 얇은 책 두세 권 정도씩만 재미난 이야기를 들려주듯이 읽어 주면, 아이는 엄마와 책 읽기 놀이를 하고 있다고 느끼는 듯했어요.

그런데 이렇게 아이에게 책을 보여 주며 이야기하거나 읽어 줄 때 한 가지 유의할 점이 있습니다. 어린아이에게 한꺼번에 너무 많은 책을 보여 주거나 읽어 주는 것은 오히려 해롭다고 해요.

> 독서가 유익하다고 해서
> 아이에게 무조건 많은 책을 읽게 하면,
> 아이가 싫증을 느끼고 오히려 책을 멀리하는
> 부작용이 생길 수도 있습니다.

뇌과학 전문가에 따르면, 드문 경우이긴 하지만 어린아이에게 심한 독서나 과잉 학습을 시키는 것이 후천적 자폐를 일으킬 위험이 있다고 해요. 또 너무 많은 책을 읽히면, 아이가 책을 읽기는 하는데 글자만 읽을 뿐 무엇을 읽었는지 내용 파악은 못하는 과잉언어증 상태에 빠질 수도 있다고 합니다. 많이 배우고 똑똑한 엄마들이 어린 자녀의 영재성을 길러 주고 싶은 욕심에서 이런 실수를 하는 경우가 있더군요. 독서를 지나치게 강조하다가 아이를 병들게 하는 오류를 범하지 말아야 합니다. 우리 아이를 똑똑한 아이로 기르는 것도 좋지만, 몸과 마음이 건강한 아이로 기르는 것이 더 중요하다고 생각합니다.

우리 아이가 한글을 익힌 후에도
초등 저학년 때까지는 제가 책을 읽어 주고,
아이와 함께 책 내용이나
주인공에 대한 이야기를 나눴어요.

한글을 뗀 어린 자녀가 글을 읽을 줄 안다고 해서 책을 혼자서만 읽게 하는 것이 아니라 가끔씩 엄마가 감정을 넣어 가며 실감 나게 책을 읽어 주면, 아이는 그 시간을 정말 재미있어 합니다. 그러면서 아이가 자연스럽게 책과 친해지더군요. 한글을 떼어서 독립적인 독서가 가능해졌지만 저학년 때까지는 제가 책을 읽어 주기도 하고, 아이가 소리를 내어 엄마에게 책을 읽어 주게도 했어요. 아이에게 큰 소리로 읽게 하여 글을 천천히 정독할 수 있도록 했습니다. 그리고 읽은 내용을 물어봐서 아이가 자기의 언어로 책 내용을 설명하거나 이야기하도록 했지요.

그러면 아이가 읽을 책은 어떻게 선택하면 좋을까요? 처음에는 제가 아이에게 좋은 책들을 골라 주었어요. 연령별 혹은 학년별 권장 도서 목록을 많이 참고했습니다. 아이가 초등학교에 입학한 후에는 독서에 재미를 붙이도록, 가끔 도서관이나 서점 아동도서 코너에 데리고 가서 아이가 읽고 싶은 책을 직접 고르게 했지요. 아이가 고른 책이 필독 도서나 권장 도서 목록에 올라 있는 책이 아니어도 괜찮습니다. 아이가 앉은 자리에서 단번에 재미있게 읽어 내는 책이 가장 좋은 책인 듯합니다. 초등학생에게나, 중학생에게나 책은 일단 재미있어야 한다는 것이 아이의 독서를 지도해 본 엄마로서 제가 가진 주관입니다. 아무리 몸에 좋은 음식이어도 맛이 없으면 잘 안 먹게 되듯이, 아무리 좋은 책이라 해도 일단 재미가 없으면 아이들의 외면을 받더군요.

초등학교 2학년까지는 제가 책을 읽어 주기도 하고, 아이에게 큰 소리로 읽어 보게도 하면서 아이의 독서 지도를 꾸준히 직접 진행했습니다. 그런데 3학년이 되면서 아이가 엄마와의 독서에 조금씩 싫증을 내고 지루해하는 모습이 보여서, 독립적인 독서를 하게 되었어요. 혼자서 책을 읽고 거기서 끝나 버리는 독서는 왠지 공허해 보여서, 아이가 좀 더 즐겁게 독서도 하고 친구들과 토론도 하면 좋겠다는 생각이 들었습니다.

그래서 초등학교 3학년 때부터
같은 동네에 사는 또래 친구들과
독서토론 수업을 시작했어요.

멤버 아이들이 정해진 책을 각자 읽어 온 뒤 선생님의 지도를 받으며 자유롭게 자신의 의견을 말하고, 상대방의 이야기를 경청하는 훈련도 할 수 있어서 좋았습니다. 게다가 읽고 토론한 내용을 요약해서 쓰는 연습까지 하게 되어 읽기, 말하기, 듣기, 쓰기 능력을 모두 기를 수 있었기 때문에 참으로 유익했지요.

외둥이인 우리 아이는 친구를 너무 좋아해서 함께 모인다는 것만으로도 정말 신나 했어요. 그래서 독서토론 수업을 공부나 수업이라고 생각하지 않았습니다. 책을 읽고 친구 집에 놀러 가거나, 친구들이 우리 집에 모여서 책 내용을 이야기하면서 어울리는 또 다른 형태의 놀이 시간으로 생각할 정도였어요. 자칫 어색하고 딱딱한 수업으로 느껴질 수도 있는 독서토론 수업을 재미있는 활동으로 만든 것에는, 사실 멤버 엄마들과 저의 숨은 노력이 있었습니다. 한 주마다 돌아가면서 멤버들의 집에서 독서토론 수업을 진행했는데, 엄마들도 이날은 수업 장소를 제공하는 아이네 집에 모였어요. 아이들은 방에서 선생님과 독서토론 수업을 하고, 엄마들은 다른 방에서 담소를 나누었지요. 그리고 40분 정도의 수업이 끝나고 선생님이 가시면, 엄마들과 아이들이 맛있는 간식을 먹으며 파티하듯이 서로 어울렸어요.

저는 우리 아이 초등학교 때
가장 잘한 일이 독서토론 수업을
꾸준히 시킨 것이라고 생각합니다.

아이가 재미있어 하기도 했고, 부담을 주지 않는 선에서 아이의 읽고 쓰는 능력과 토론하는 능력을 조금씩 기를 수도 있었던 좋은 경험이었어요. 초등 고학년이 되니 영어나 수학 학원의 숙제 부담이 커지면서 아이가 독서할 시간이 많이 없어졌는데, 독서토론 수업을 위해 매주 한 권씩이라도 책을 읽을 수 있어서 그나마 다행이었지요. 그리고 지정된 도서가 동화나 소설뿐 아니라 문화, 예술, 역사, 과학 등 다양한 주제를 다루고 있어서 다방면의 독서를 할 수 있었습니다.

이렇게 수업인 듯 놀이인 듯 독서토론 수업을 진행하면서 2년, 3년이 흘렀고, 그 사이에 책은 조금씩 두꺼워지고 책의 수준도 높아졌습니다. 아이의 독서력도 그만큼 신장되었는지 상급 학교에 올라가서도 국어 과목에서 유난히 강세를 보이더군요. 독서와 독서토론 수업에 흥미라는 요소를 연결시키니까 아이가 지루해하지 않고 오래 진행할 수 있었어요. 책으로 놀아 주고 책으로 어울리게 했더니, 자연스럽게 책을 좋아하는 아이로 자랄 수 있었습니다.

이것만은 꼭!

책으로 놀아 줄 때, 아이에게 한번에 너무 많은 책을 읽어 주거나 읽게 하는 것은 피해야 합니다. 독서가 유익한 활동이긴 하지만, 너무 과하게 시키면 아이가 책을 싫어하게 되고, 책 읽기를 멀리하게 되는 부작용이 있기 때문입니다. 초등 저학년 자녀에게 몇 권씩만 부담 없이 읽어 주시고, 또 아이가 큰 소리로 엄마에게 읽어 주도록 해서 정독하는 습관을 기르게 하는 것이 좋겠습니다. 그리고 아이가 독립적인 독서를 하게 되면, 또래 친구들과 독서토론 수업에 참여하는 것을 권해 드립니다. 독서토론을 하면 타인의 말을 경청하고 자신의 의견을 말하는 훈련도 할 수 있으며, 독서력과 사고력도 함께 길러 줄 수 있을 것입니다.

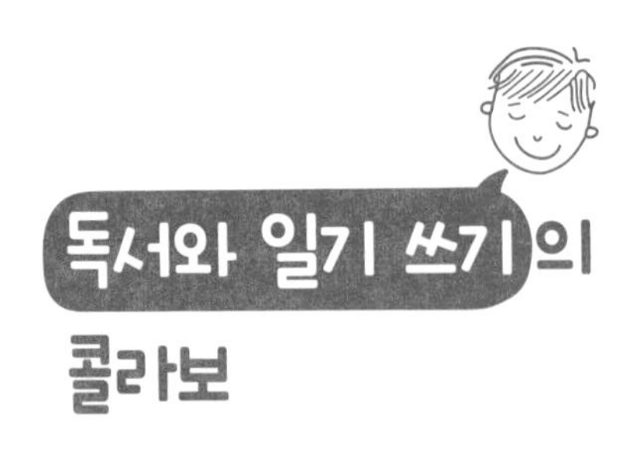

독서와 일기 쓰기의 콜라보

우리 아이의 독서 교육은 글을 읽지 못하는 유년기부터 그림책을 보여 주며 이야기를 해 주는 것으로 시작했고, 아이가 글을 배워 가면서 글밥이 점차 많아지는 그림책으로 옮겨갔어요. 한글을 뗀 이후에는 글이 더 많고 그림이 간혹 나오는 책을 읽게 했습니다. 아이가 성장함에 따라 읽는 책의 수준도 서서히 높아졌지요. 저는 초등 저학년 때까지 아이에게 재미난 이야기를 들려주듯이 책을 읽어 주었습니다. 그런 후에 아이가 다시 엄마에게 소리 내어 책을 읽어 주게 하면서 글을 정독하는 습관을 들이도록 했어요. 그리고 책을 읽고 나면 책 내용이나 주인공에 대한 이야기들을 나누었지요. 가끔씩 이해할 수 없는 단어가 나오면 아이는 "엄마, 이게 무슨 말이야?" 하고 질문할 때가 있었어요. 그럴 때마다 그 단어의 뜻을 최대한 성의껏, 그리고 최대한 쉽게 설명해 주었습니다.

저는 우리 아이의 초등학교 시절에
이러한 독서와 함께, 일기 쓰기에도
많은 관심과 공을 들였습니다.

일기는 초등학교 1학년 때부터 학교 담임 선생님께서 꼬박꼬박 검사해 주셨지요. 그런데 일주일에 한 번 정도의 간격으로 학교에 제출해야 하는 일기는 아이에게 숙제 같은 부담감을 주기도 합니다. 어떤 아이들은 일기를 미뤄 두었다가 검사 하루 전에 한꺼번에 써 가는 경우도 있더군요. 일기가 귀찮은 숙제가 되어 버리는 이런 상황이 참으로 아쉬웠어요. 그래서 학교에 제출해야 하는 일기지만, 이왕이면 좀 더 재미있게 동기 부여를 해 가면서 쓰게 하면 좋겠다는 생각을 했습니다.

우리 아이는 어릴 때, 엄마의 열 마디 말보다는 아빠의 한 마디 말에 더욱 반응하는 아이였어요. 그래서 아들의 독서나 일기 쓰기에 대해 아빠의 참여와 역할 분담이 필요했지요. 아빠는 아이의 독서와 일기 쓰기에 대해 주로 칭찬과 선물을 주는 역할을 담당했습니다. "우리 아들이 이번에 일기를 너무 잘 써서 아빠가 정말 기뻐. 상으로 멋진 선물 사 줄게." 하고 아빠가 아이를 칭찬해 주고, 가끔씩 상으로 아이가 갖고 싶어 하는 장난감을 사 주면 아이는 신이 나서 더욱 열심히 독서와 일기 쓰기에 집중했어요.

일기는 처음에 그림일기로 시작해서, 학년이 올라가면서 글만 적는 일기를 쓰게 되었어요. 그날 특별한 일이 있었을 땐 그 일에 대해 일기를 쓰게 했습니다. 하지만 평범한 초등학생에게 매일 새롭고 특별한 일이 생기는 것은 아니잖아요? 그냥 비슷비슷한 일상들이 대부분이어서, 아이는 일기에 쓸 글감 찾는 것을 힘들어 했어요. 그럴 때 오늘 읽은 책에 대해 일기를 쓰게 했습니다. 그래서 우리 아이는 그날 읽은 책 내용이나 주인공에 대한 이야기를 자주 일기에 쓰게 되었지요. '주인공이 참 멋있었다.' 혹은 '주인공이 너무 불쌍해서 도와주고 싶었다.' 등 자신의 감정을 이입해 가면서 책 내용이나 주인공에 대해 쓰다 보니, 일기가 흡사 짧은 독서감상문과 비슷한 날도 많았습니다. 독서와 일기가 이렇게 하나의 세트처럼 멋진 콜라보를 이루면서, 아이는 독서도 즐겁게 하고 일기도 수월하게 쓸 수 있었습니다.

제가 아이 초등학생 때 독서와 일기 지도에 꾸준히 공을 들인 이유가 있었습니다. 아이들은 책을 통해 사실과 정보, 지식을 받아들인 후 자신의 경험을 바탕으로 이를 이해하고, 다시 자신의 언어로 이것을 출력하는 과정을 거친다고 생각했기 때문이지요. 저는 이렇게 독서를 통해 지식을 입력하고 출력하는 과정에서 이해력과 사고력이 성장한다고 생각했어요. 그래서 아이의 사고력이 꾸준히 성장하도록 정보나 지식을 입력하는 과정인 독서와, 이를 자신이 소화해 낸 후 출력하는 과정인 글쓰기, 즉 일기 쓰기가 균형 있게 진행되도록 노력했습니다.

이것만은 꼭!

자녀가 독서를 할 때 책만 급히 읽고 끝내는 것이 아니라, 제대로 정독하고 책을 통해 생각하고 상상할 수 있도록 해 주세요. 독서 자체도 중요하지만, 독후 활동도 그에 못지않게 중요합니다. 아이가 책을 읽고 나면 내용을 물어보시거나, 관련 주제에 대해 어떻게 생각하는지 물어보는 것도 좋은 독후 활동입니다. 그리고 일기에 그날 읽은 책에 대해 쓰게 하는 것도 아주 좋은 독후 활동이 되더군요. 일기 쓰기는 학교 담임 선생님께 정기적으로 검사 받아야 하는 숙제이지만, 독서와 연결시키면 아주 훌륭한 독후 활동이 될 수 있습니다.

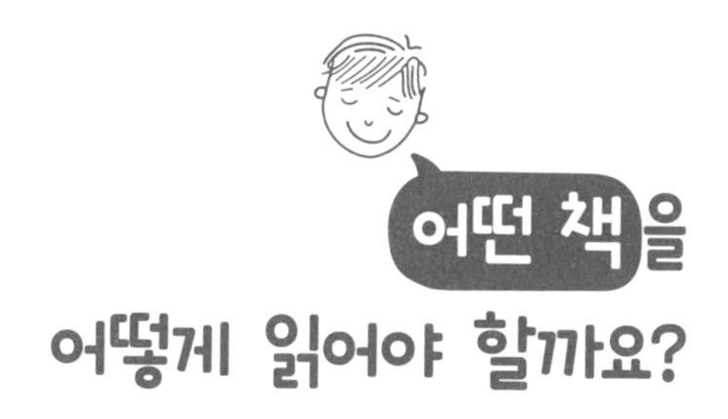

어떤 책을 어떻게 읽어야 할까요?

초등학생 독서는 어떻게 시작해야 할까요? 초등학생 아이들에게 올바른 독서 습관을 형성하도록 도와주는 것은 무척 중요하고 의미 있는 일입니다. 하지만 말처럼 쉽게 이루어지지는 않지요. 아이의 의지에 반하거나 맥락을 고려하지 않은 독서는 아이로 하여금 책을 더 싫어하게 하거나, 형식적이고 무심한 독서로 빠져 버리게 할 위험도 있기 때문입니다. 그래서 의미 있고 가치 있는 독서 습관 형성을 위해서는 아이들의 주도성과 자발성이 전제되어야 합니다. 많은 부모님의 바람만큼 스스로 책을 찾아 읽고 향유하는 아이가 되는 것은 어려운 일입니다. 그렇기 때문에 더욱 부모님의 역할이 책을 강요하는 것이 되어서는 안 되지요. 아이에게 무작정 "독서는 이렇게 해야 돼. 책을 다 읽고 나서는 저렇게 해야 돼."와 같이 과정과 결과를 온전히 안내하는 것보다는, 아이들 스스로 읽기 동기(reading motivation)를 가지도록 해야 합니다.

'읽기 동기'의 사전적 정의는 '읽기 행위를 촉발하고 유지하며 강화하는 독자로서의 내적, 외적 요인'입니다. 이를 간단히 풀이하면, 바로 책을 읽고 싶은 마음이 되지요. 아무리 유명한 음식이라도 내 입에 맞지 않으면 안 먹는 것처럼,

그 어떤 좋은 책이라 할지라도 스스로 읽고 싶은 마음이 없으면 단순한 종이 뭉치로 전락해 버리고 맙니다. 그래서 학교에서는 독서를 포함한 읽기 지도를 할 때, 아이들이 먼저 읽고 싶은 마음을 가질 수 있도록 읽기 전 활동에 무게를 둡니다. 이야기와 관련된 질문이나 단서를 통해 궁금증을 유발하고, 책의 내용을 상상해 보도록 하지요. 책을 언제, 어떻게, 얼마나 읽을지에 대한 독서 계획을 차근차근 세워 가며, 스스로 생각하고 사고하는 시간을 충분히 제공해 줍니다.

아이들만의 독립적이고 온전한
독서 시간을 마련해 주는 것 또한
독서 습관 형성을 위해 중요합니다.

중간중간 특별한 관점을 제시하거나 여러 가지 이야기를 주고받는 것도 좋지만, 아이들에게 일정 시간 동안 원하는 대로 읽을 수 있는 자유를 제공해 주는 것도 중요하답니다. 이를 '지속적 묵독(sustained reading) 과정'이라고 하는데, 아이들은 이 시간에 독서 몰입을 경험하게 됩니다. 이 시간에 아이들은 오롯이 자신만의 세계를 창조해 나가고, 그 과정에서 책에 대한 깊은 이해와 재미를 도모할 수 있지요. 이처럼 아이들이 독서를 시작하고 마치는 동안 아주 사소한 간섭도 삼가고 묵묵히 기다려 줌으로써, 책에 대한 긍정적 태도와 독서 능력을 기를 수 있습니다.

그리고 아이들 스스로 책을 통해 다양한 지식을 획득하는 경험을 해 볼 수도 있습니다. 이를 위해 지속적 묵독과 함께 천천히, 깊게, 넓게 읽는 독서 방법을 활용할 수 있어요. 예를 들어, 모르는 단어가 있으면 찾아보고, 이야기의 장면을 그림으로 그려 보고, 관련된 다른 이야기를 찾아 읽는 것 등과 같이 한 권의 책으로 다양한 활동을 경험하도록 하는 것이지요. 그러면 아이들은 보다 직접적으로 책 속의 세계를 경험할 수 있게 됩니다. 이러한 활동들을 통해서 아이들은 이야기와 작가, 그리고 자신에 대해 깊이 이해할 수 있고, 관찰력과 사고력도 기를 수 있습니다.

어떤 책을 어떤 방법으로 읽든, 알맞은 독서 환경을 미리 마련해 두는 것은 필수적입니다. 학년 수준과 학습자 개인의 특성에 맞는 책을 한 달 내지 한 학기 동안 긴 호흡으로 읽을 수 있도록, 도서 준비와 독서 시간 확보 등의 물리적 여건을 먼저 조성해야 하는 것이지요.

이것만은 꼭!

아이들의 독서 습관이 올바르게 형성되지 않으면, 마치 편식을 하는 것처럼 책을 꺼려 하고 가려서 보는 태도가 길러질 수 있어요. 그렇기 때문에 아이들이 책을 읽고 싶어 하는 마음(읽기 동기)을 갖도록 해 주어야 합니다. 읽기 동기는 책 내용과 관련된 여러 가지 질문을 미리 던져 이어질 이야기를 추측하도록 하거나, 독서 계획을 구체적으로 수립하는 활동 등을 통해 신장시킬 수 있어요. 또 독서를 시작했다면 아이 혼자만의 독서 시간을 충분히 제공해 주는 것도 독서 능력 향상에 도움이 됩니다. 이처럼 독서 습관 형성에 있어서 가장 중요한 것은, '어떤 책을 어떻게 읽느냐'보다는 마음껏 독서를 즐길 수 있는 환경을 미리 마련해 주는 것입니다.

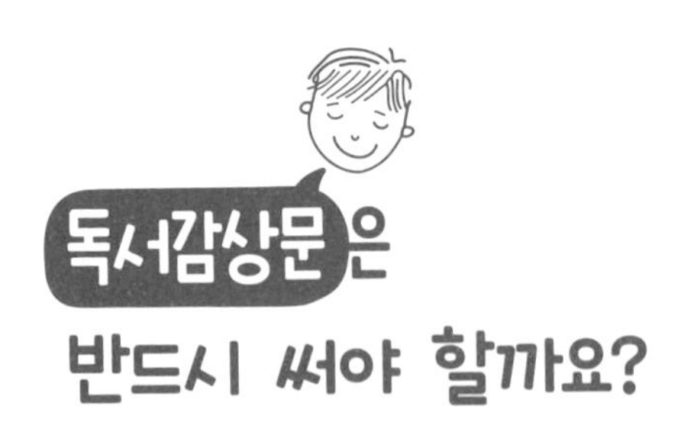

독서감상문은 반드시 써야 할까요?

대부분의 아이들은 독서를 마치고 독서감상문을 작성합니다. 내용을 요약하고 정리하기 위해서, 읽은 책을 잊지 않기 위해서, 자신의 감상을 기록하기 위해서 등 독서감상문을 쓰는 데에는 다양한 이유가 있지요. 그런데 많은 아이들이 독서감상문 쓰기를 늘 어려워하고 부담스러워 합니다. 그래서인지 아이들의 독서감상문을 살펴보면 겨우 구색만 갖춘 모양새도 많이 볼 수 있습니다. 예를 들면, 단순히 줄거리만 짧게 요약한 경우도 많고, 글을 읽고 난 후 자신의 감정을 '재미있다', '슬펐다' 등 간략하게 서술하는 정도로 내용을 채우는 경우도 있지요.

여기서 잠깐, 우리는 왜 아이들에게 독서감상문을 쓰도록 하는 것일까요?

독서감상문은 꼭 써야 하는 것일까요?
결론적으로 저의 대답은 'NO'입니다.

그렇지만 독서감상문과 같이 책을 다 읽은 후 이야기에 대한 감상을 명료화하는 활동은 아이의 긍정적인 독서 태도를 형성하는 데 큰 역할을 합니다. 그 때문에 마냥 손을 놓을 수도 없는 일이지요.

그렇다면 독서감상문은 어떻게 쓰도록 해야 할까요? 우선 이야기의 줄거리를 요약하는 것은 고차원적 사고력이 요구되는 일이기 때문에, 줄거리를 자세하게 쓰도록 강요하지 말아야 합니다. 이야기의 처음부터 끝까지 무슨 일이 있었는지 간추려 보라고 하는 것은 그다지 유익하지 않아요. 그보다는 가장 기억에 남는 장면이나 친구에게 소개하고 싶은 장면을 중심으로 이야기의 내용을 쓰도록 지도해야 합니다. "그래서 다음엔 어떻게 됐어?", "(등장인물이) 왜 그랬대?" 등 아이의 사고를 확장하는 데 도움을 줄 수 있는 질문을 연쇄적으로 던지는 것이 더 효과적이에요. 또 지나치게 많은 내용을 쓰게 하면 쓰기에 대한 흥미가 떨어질 수 있으므로 감상을 글로 표현하는 데 중점을 두되, 글의 길이나 문장력 등을 강조하지 않도록 주의해야 합니다.

다시 말해, 감상문이라는 특별한 형식을
지키며 쓰게 하는 것이 아니라,
이야기의 내용은 간략하게 쓰고
그에 대한 생각과 느낌을
자유롭게 쓰도록 하는 것이지요.

한편, 독서감상문 쓰기 대신에 할 수 있는 활동도 많습니다. 독서감상문이 글로써 자신의 생각을 정리하고 표현하는 과정이라면, 글 말고 다른 방법으로도 감상을 표현할 수 있지요. 먼저, 아이와 함께 이야기에 대한 생각과 느낌을 말이나 그림 등으로 자유롭게 표현해 보는 활동을 하는 것이 좋습니다. 내용에 대한 사실 확인 질문을 핑퐁식으로 주고받는 것도 이야기를 보다 오랫동안 기억하고, 맥락의 흐름을 파악하는 능력 향상에 도움이 됩니다. "그래서 어떻게 됐어?", "만약 너라면 어떻게 했을 것 같아?", "왜?"라는 질문들을 활용하세요. 그리고 이때 가정에서 활용할 수 있는 방법이 바로 '독서 하브루타(Reading-Havruta)'입니다. '하브루타'란 여럿이 함께 질문을 주고받는 과정에서 심층적으로 답을 도출해 내는 교육 방법이에요.

독서의 전 과정에서 하브루타를
매우 다양하고 효과적으로 활용할 수 있습니다.

저 또한 교실에서 아이들과 독서 하브루타를 진행한 후, 여러 방면에서 긍정적인 효과를 발견할 수 있었어요. 아이들이 이제까지 이야기의 내용을 자신의 삶과 관계없는 별개의 작품으로 받아들였다면, 독서 하브루타를 한 후에는 사건이나 인물의 마음을 내적으로 보다 깊이 이해하고 공감할 수 있게 되었습니다. 등장인물에 자신을 대입해 봄으로써 인물의 말이나 행동, 감정들을 보다 깊고 진솔하게 느낄 수 있는 것이지요. 또 자신이라면 책에 나온 상황이나 사건 속에서 어떠한 선택을 했을지, 그러한 선택을 했다면 뒷이야기는 어떻게 전개될지 상상해 보는 것처럼 독서를 통해 간접 경험을 도모할 수 있습니다.

이 활동을 통해 인성이나 정서 교육 측면에서 아이들의 변화된 모습을 느낄 수 있었어요. 이야기에 대한 의견을 주고받는 과정을 통해 서로에 대한 배려심과 협동심을 기를 수도 있고, 자신의 생각을 자유롭게 표현함으로

써 자신감과 사고력, 탐구력을 함양할 수도 있습니다. 단, 자신의 의견을 말하는 과정에서 그에 대한 충분한 근거를 함께 이야기하도록 지도해야 합니다. 그리고 스스로 책을 찾아 읽기도 하고, 서로에게 책을 소개하고 추천해 주는 자기 주도적인 독서 습관 형성에도 큰 도움이 되었습니다.

이야기의 줄거리나 자신의 감상을 굳이 독서감상문의 형태로 서술하지 않아도 괜찮습니다. 독서 하브루타 과정에서 했었던 질문과 답변, 떠올랐던 생각 등을 자유롭게 기록하는 것만으로도 훌륭한 독서감상문 한 편을 완성할 수 있습니다. 가정에서도 아이가 혼자 책을 읽고 거기서 끝내는 것이 아니라, 부모님과 책에 대한 의견을 나누며 아이 스스로 생각을 정리하고 상상력을 발휘하는 등 사고를 더욱 확대하는 기회를 경험할 수 있도록 해 주세요.

이것만은 꼭!

많은 학생들이 독서를 마치고 독서감상문을 작성합니다. 그런데 대부분 정해진 형식에 얽매여 줄거리를 짧게 요약하거나, 자신의 감상을 간단히 기록하는 데에서 그치고 맙니다. 그런데 긍정적인 독서 습관과 태도를 형성하기 위해 유의미한 독후 활동은 매우 중요합니다. 독서감상문처럼 굳이 글로 나타내지 않아도, 아이와 책에 관한 여러 질문을 주고받으며 이야기에 대한 감상을 명료화할 수 있어요. "왜 그랬을까?", "너라면 어떻게 했을까?", "앞으로 어떻게 될까?", "만약에 ~라면?" 등과 같은 질문을 통해 사고의 유연성을 자극해 주세요.

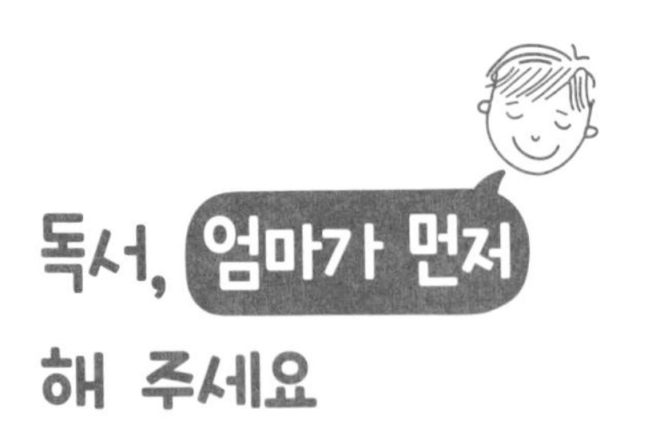

독서, 엄마가 먼저 해 주세요

가정에서나 학교에서나 아이의 긍정적인 독서 습관을 길러 주기 위해서 여러 수단과 방법을 동원하게 되지요. 하지만 아이가 읽고 싶은 책을 찾아주거나 다양한 독서 방법을 적용해서 독서의 즐거움을 느끼게 해 주는 것보다 가장 먼저 선행되어야 할 것은 바로 모델링, 즉 본보기입니다. 어느 날 문득 아이들에게 독서나 그와 관련된 활동들을 곁에서 지도만 할 뿐, 함께하지 않았던 적이 더 많다는 것을 깨닫게 되었습니다. 그동안 조용한 독서 환경 조성과 준비된 독후 활동에만 애를 썼지, 아이들과 순수하게 독서 시간을 공유하지 못했다는 아쉬움이 느껴지기도 했어요. 그러면서 제 스스로가 아이들에게 너무 형식적으로 독서를 주입했던 것은 아닐까 하는 생각이 들었습니다.

저를 살피며 제 언행을 따라 하는 아이들을 보고 있자니, 오히려 아이들이 보이는 곳에서 독서를 해야겠다는 마음이 강하게 들었습니다. 그래서 교실을 정돈하거나 조용히 시키는 것보다, 책과 관련된 생각거리나 활동지를 주는 것보다, 제가 묵묵히 책을 읽는 시간을 늘리기 위해 노력했습니다.

직접 독서를 시작해 보니 방해 요소가 생각보다 더 많다는 것도 알게 되었어요. 교실과 복도에서 떠드는 소리, 시선을 빼앗는 아이들의 딴짓과 장난들…. 그럴 때 "조용!"이라고 외치지 않고, '선생님 지금 책 읽는다.'라는 신호로 헛기침만 두어 번 하고 말았어요. 몇 주가 지나고 나니 누가 정하지 않았는데도 저희 반에는 점차 아침 독서 시간이 형성되는 것 같았습니다.

저는 주로 청소년 동화책을 읽었습니다. 책을 고를 때 대중성과 재미, 딱 이 두 가지만 고려했어요. 아이들이 어디서나 쉽게 찾거나 빌릴 수 있는 책이어야 하고, 아이들이 재미있고 수월하게 읽을 수 있는 수준을 기준으로 삼아 책을 골랐습니다. 마침 학교 도서관에는 어린이를 위한 책들이 무척 잘 정리되어 있어서, 무슨 책을 읽을지 크게 고민하지 않아도 되었지요.

역시나 아이들은 제가 읽는 책에
무척 관심이 많았습니다.

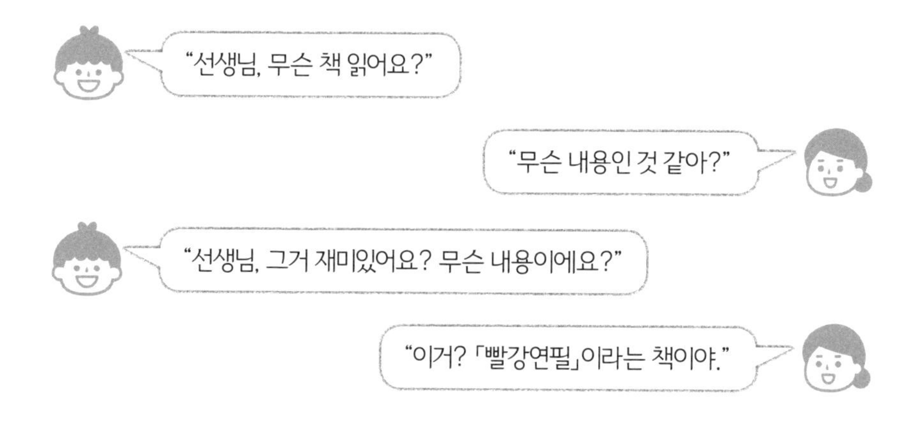

아이들이 여러 질문을 쏟아 낼 때마다 구체적이고 객관적인 답변을 해

주기보다는, 그냥 책 표지를 보여 주고 한번 씨익 웃어 주었습니다. 간혹 짓궂은 아이가 "그거 왜 읽어요?"라고 물으면, "재미있어서. 읽어 보면 알걸?"이라고 말해 주었지요. 그러면 얼마 지나지 않아 아이들이 도서관에서 제가 읽던 책을 빌려 오곤 했어요. 저는 내심 제 스스로가 아이들의 모델링 대상이 되지 않으면 어쩌나, 저는 저대로 아이들은 아이들대로 유대 없는 독서가 되면 어쩌나 하는 걱정도 했습니다. 하지만 다행히 날이 갈수록 제가 읽었던 책을, 저의 독서 모습으로 읽는 아이들이 늘어나기 시작했어요. 제 스스로가 독서를 즐기지 않으면서 우리 아이가, 우리 반이 책을 좋아하게 되었으면 했던 바람은 모순이고 욕심이라는 생각이 들었습니다.

독서는 가르치는 게 아니라
함께 즐기는 것이라는 점을
느끼게 되었지요.

어린이 권장 도서 내지 추천 도서 목록을 아이에게 보여 주는 것보다, 도서관에서 좋은 책을 찾아 주는 것보다, 독서 클럽에 다니며 수많은 책을 접하게 하는 것보다 먼저 해야 할 일은 책 읽는 어른들의 모습을 보여 주는 것입니다. 과장되고 꾸며진 모습이 아닌, 삶 속에서 책을 음미하고 즐기는 모습을 말이지요. 백문(百聞)이 불여일견(不如一見)입니다. 재미있다는 백 마디의 말보다는, 재미있어 어쩔 줄 모르는 모습을 한 번만 보여 주면 아이들의 호기심을 자극하기에 충분하지요. 앞서 언급한 모델링(modeling)은 미국의 심리학자 알버트 반두라(Albert Bandura)의 관찰학습에 근거하고 있습니다. 아이들은 다른 사람의 행동, 사고, 느낌을 관찰하고 모방하며 자신의 행동과 사고를 형성한다는 이론입니다.

막연히 독서의 중요성과 실천을 강조하지 말고, 아이들이 자연스러운 독서 환경에 노출되도록 해 주세요. 독서는 어렵지 않으며 누구나 쉽게 할 수 있다는 생각을 가질 수 있도록 해 주어야 합니다. '나도 할 수 있어!'와 같은 자신감과 독서에 대한 흥미를 함께 길러 주는 것이 필요한 것입니다.

이것만은 꼭!

아이들의 독서 습관을 길러 주기 위해서는 가정과 학교에서 어른들이 먼저 독서하는 모습을 보여 줄 필요가 있습니다. 책이 재미있고 유익하다는 것을 몸소 보여 주는 것이지요. 주변의 추천 도서나 인기 도서를 그대로 전해 주는 것보다, "엄마가 읽은 책 중에…"로 시작되는 이야기가 훨씬 와닿는 법입니다. 아이와 함께 읽을 책이 아니어도 상관없습니다. 엄마가 독서하는 모습을 보여 주는 것만으로도 아이에게 자극을 주고 동기를 부여할 수 있을 거예요.

2장

스마트 교육과 디지털 리터러시

스마트폰으로 공부가 잘 될까요?

코로나19로 온라인 수업이 시작됨에 따라 여러 불편함과 걱정도 함께 동반되었을 것이라 생각됩니다. 처음 접하는 수업 방식에 교사인 저도 최선의 플랫폼과 콘텐츠를 선정하는 데 고민과 어려움이 많았지만, 그걸 실제로 활용하는 것은 아이들 몫이기 때문이지요. 그런데 요즘 아이들을 '디지털 네이티브(Digital native)'라고 부르는 것에 걸맞게, 몇 번의 시행착오 후에 곧바로 원활하고 매끄럽게 온라인 수업이 이루어지게 되었습니다. 하지만 그렇다고 해서 모든 문제가 사라지는 것은 아니었어요.

> **"우리 아이가 하루종일 핸드폰만 만지고 있어요!"**
>
> **"유해 사이트에 접속할까 봐 걱정이에요."**
>
> **"스마트폰으로 공부가 잘 될까요?"**

스마트폰의 보편성과 자유성 덕분에 온라인 수업을 비롯한 디지털의 주매체는 PC보다는 스마트폰이 되었습니다. 한편으로는 중독 현상이 생기기도 하였고, 아이들 정서에 맞지 않는 콘텐츠를 접하기도 무척 쉬워졌지요. 무엇이든 동전의 양면과 같이 좋은 점과 나쁜 점을 동시에 가지고 있습니다. 그렇기 때문에 우리는 '무엇을 할 수 있을까?'보다는 '어디까지 할 수 있을까?'를 먼저 고민해 볼 필요가 있어요. 그리고 그러한 디지털 세상을 올바르게 향유할 수 있도록 아이들의 정보 활용 능력과 역량을 길러 주어야 합니다. 쉽게 말해, 스마트폰이나 PC를 통해 필요한 것을 찾아내고, 해석 또는 재가공하여 자신에게 맞게 활용하는 능력이 요구되는 것이지요. 이는 미래 사회의 인재가 가져야 할 능력과도 같습니다.

요즘 아이들은 키보드의 자판과 마우스를 접하는 것보다, 화면을 터치하는 법부터 먼저 배웁니다. 말도 하지 못하는 유아 시절에 유튜브 광고의 스킵 버튼을 손으로 터치해서 자신이 보고 싶은 영상을 빨리 볼 수 있는 방법을 터득하는 것이지요. 이런 모습을 보고 우리 아이가 천재라고 생각하는 부모님들이 많은데, 사실은 부모님을 따라 하는 것입니다.

부모 세대들은 아날로그에서 디지털로의 전환을 경험한 세대이지만, 우리 아이들은 디지털 세상에서 태어난 모태 디지털 세대라고 할 수 있습니다. 이를 'Born Digital'이라고도 하는데, 본 디지털 세대를 지칭하는 출발점이 바로 스마트폰이 등장하여 우리의 삶에 엄청난 변화를 가져온 시기부터입니다.

> 이처럼 디지털 기술이 주도하는 세상에서 태어나고 자라난
> 우리 아이들은 디지털 세대에 맞는 지식, 가치, 태도를
> 아우를 수 있는 역량을 길러야 합니다.
> 이를 위한 교육을 디지털 리터러시 역량 교육이라고 합니다.

이에 대한 필요성과 중요성은 인식하고 있지만, 정작 우리 사회의 시스템과 교육에서의 디지털 리터러시 교육은 기술과 활용 위주의 도구적 리터러시 교육이 주가 되어 온 것이 사실입니다. 이는 우리 사회가 속도 위주의 빠른 성장을 해 온 것과 비슷한 맥락이라고 할 수 있습니다. 우리나라는 그 어떤 나라보다 빠른 경제 성장으로 최단 기간에 선진국에 이른 훌륭한 역량을 가진 나라이지요. 이렇게 자부하면서도 소득 수준에 비해 그에 따른 시민 의식은 부족하다며 그에 걸맞는 민주 시민 의식과 역량을 길러야 한다는 주장이 제기되어, 한때 교육 현장에서 민주 시민 교육을 강조하던 때가 있었습니다. 그와 같이 디지털 시대에는 그에 맞는 디지털 시민 교육이 필요한 것이지요.

그래서 '스마트폰으로 공부가 잘 될까?'라는 질문은
'스마트폰으로 공부를 잘 할 수 있게 하려면
어떻게 해야 할까?'로 바꾸어야 합니다.

이미 스마트폰은 아이들의 일상을 넘어 신체의 일부와도 같은 존재가 되었습니다. 그리고 시기의 차이가 있을 뿐 생활의 상당 부분을 스마트폰과 함께 할 수밖에 없는 세상에 살고 있습니다. 그렇기 때문에 디지털 시대에서의 소통 방식과 일, 관계 등 삶의 전반에 걸친 변화에 대처할 수 있는 총체적 역량을 길러 주는 것이 더 중요합니다.

그런데 성장기 아이들의 스마트폰 사용은 신체 기능 및 인지 기능, 특히 전두엽 기능에 영향을 끼치며, 아이들에게 해롭다는 연구 결과와 사례들을 많이 보셨을 것입니다. 이러한 부정적인 견해들로 인해 스마트폰을 활용하여 공부하는 것에까지 문제를 제기하기도 합니다. 게다가 교사나 부모인 우리들이 이러한 것에 대한 긍정적인 경험이 많지 않기 때문에 더욱 그러합니다.

기성세대들은 문제가 생기면 무조건 이를 없애려 하는 경향이 있습니다. 그래서 학교에서는 스마트폰을 수거하거나, 규칙을 어기면 압수하거나 벌점을 주는 방식을 취하기도 하지요. 또 부모들은 아이가 어릴 때에는 잠시 동안의 시간을 벌기 위한 수단으로 스마트폰을 아이 손에 쥐어 주기도 합니다. 그러다 어느 정도 과하다 싶어지면 이를 두고 서로 실랑이를 벌이거나, 통제의 수단으로 스마트폰 사용을 조건부로 허락하기도 합니다.

이렇듯 문제가 발생하였다고 해서
무조건 이를 나쁘다 하고 문제를 없애려 하는 태도는,
문제 앞에 선 아이들이 스스로 문제를 해결할 수 있는
기회를 빼앗는 것과 같습니다.

이러한 패턴이 지속되면 아이들은 스스로 문제를 해결할 수 없는 지경에 이르게 되고, 아이가 자라면서 점점 더 굳어지다가, 적당한 선에서 타협하거나 포기하는 상태가 되지요. 눈앞에 있는 현실 세계의 아이는 보이지만 아이가 살고 있는 또 다른 세상인 디지털 세계에서의 아이 모습은 보지 못하는 가운데, 내가 알고 있는 아이의 모습과 내가 알지 못하는 아이의 모습의 격차는 점점 커지게 됩니다. 그러다 이를 깨닫는 계기가 되는 사건이나 사고를 경험했을 때, 너무나 힘든 시간을 겪는 경우를 많이 보았습니다.

미래 사회에서 디지털 시민으로 건강하게 살아가기 위해서 우리 아이가 스마트폰으로 공부를 잘 할 수 있도록 하는 것은 중요하며, 반드시 필요한 일입니다. 이를 위한 교육을 디지털 시민 교육 또는 디지털 리터러시 역량 교육이라 합니다. 학교에서는 예전부터 비슷한 맥락으로 사이버폭력 예방교육, 미디어중독 예방교육, 정보통신 윤리교육 등의 이름으로 교육을 해 왔지요. 디지털 시민 의식을 기르기 위한 핵심은 현실 세계와 디지털 세계의 연결입니다. 이에 대한 이야기는 다음 장에서 좀 더 자세히 하도록 하겠습니다.

우리 아이 스마트폰은 언제부터?

"선생님! 스티브 잡스나 빌 게이츠와 같은 사람들도 자녀가 어릴 때에는 스마트폰을 사용하지 못하게 했다고 하던데, 지금 우리 아이에게 스마트폰을 사 주는 게 맞을까요?"

"선생님! 우리 집에서는 아이에게 스마트폰을 이용하지 않도록 하고 있는데, 학교에서 스마트 기기로 수업을 한다고 아이가 스마트폰을 사 달라고 합니다. 어떻게 하면 좋을까요?"

부모님 입장에서는 사 주면 사 주는 순간부터 후회하고, 안 사 주면 사 줄 때까지 골치가 아픈 것이 스마트폰이지요. 스마트폰의 등장으로 시력 저하 및 안질환, 거북목, 전두엽의 문제 등과 함께 스마트폰 중독으로 일상생활을 제대로 영위하지 못하는 여러 가지 문제들도 따라왔습니다. 또 요즘 아이들 중에 정보를 듣고 받아들이기만 하고 정리하고 표현하는 능력, 즉 '생각하는 힘'

이 떨어지는 학생들이 많아지고 있는 이유를 스마트폰 중독으로 보고 있기도 합니다.

우리 사회가 스마트폰 중독에 관심을 갖게 되고, 특히 미 캘리포니아 주에 있는 발도로프 학교의 사례가 언론에 소개된 이후에, 어느 정도 나이가 들 때까지는 스마트폰보다는 피처폰을 사용하게 하거나 아예 핸드폰을 사 주지 않는 경우도 많아졌습니다. 그도 그럴 것이, 학부모의 70%가 구글이나 애플, 마이크로소프트의 직원인 이 학교에서 학생들은 컴퓨터나 스마트폰을 사용하지 않는다는 사실이 소개된 것이었습니다. 이는 스마트폰과 최고의 디지털 기술을 사용하는 이들이 그에 따른 문제점마저도 너무나 잘 알고 있었기 때문에 생긴 일이겠지요.

> 스스로 생각하는 힘을 키우기 위해서
> 스마트폰 사용 시기를 늦추는 것은
> 좋은 방법이라고 할 수 있습니다.

하지만 우리 아이들이 의도치 않은 곳에서 스마트폰을 먼저 접할 수 있는 기회들은 많이 있습니다. 학교에서 쉬는 시간이나 점심 시간에 스마트폰이 없는 아이들이 스마트폰을 가지고 있는 아이들을 졸졸 따라다니며 스마트폰 게임을 구경하거나, 같이 하고 있는 장면을 종종 보게 됩니다. 방과후 수업이나 학원을 오가는 시간, 비어 있는 시간 등에 아이들이 삼삼오오 모여 스마트폰 게임을 하고 있는 모습도 흔하게 볼 수 있지요.

부모님들이 자녀에게 스마트폰을 사 주기만 할 뿐 스마트폰을 어떻게 사용해야 하는지에 대한 활용법은 가르치지 않는다면, 아이들은 흥미 위주로만 기기를 사용하게 됩니다. 스마트 기기를 올바르게 쓰는 방법들을 먼저 배우고 나서 수업이나 공부에 활용하고 친구와 소통해야 하는데, 거꾸로 가는 것이 문제입니다. 스마트 기기를 '잘 쓰는 법'은 가르쳐 주지 않고 '스마트폰은 나쁘다', '문제가 많다'며 쓰지 말라고 뺏어 버리게 되면 아이들은 교사와 부모에게 반감을 가지고 되지요. 그리고 이로 인한 갈등으로 인해 사이가 틀어지게 될 수도 있습니다.

스마트폰은 나쁘다며
쓰지 못하게 하기보다는, 스마트 기기를
'잘 쓰는 법'을 가르쳐 주어야 합니다.

좋아하는 선생님의 과목은 성적이 잘 오르는 반면, 싫어하는 선생님의 과목은 성적이 잘 나오지 않는 경험을 직접 해 보았거나, 이러한 이야기를 주변에서 들은 적이 있으실 것입니다. 이처럼 부모 및 교사와의 관계는 아이의 학업 성취에 영향을 미치게 됩니다. 아이들에게 있어서 스마트폰은 스트레스의 해소의 수단이자 자신을 마음껏 표출하는 장인데, 집에서나 학교에서나 아이들은 항상 이에 대해 통제를 받게 됩니다. 하지만 수업 시간에도 전화를 받을 수 있고, 집에서도 통제 없이 자유롭게 스마트폰을 쓰는 사람이 있지요. 바로 교사와 부모입니다. 그래서 디지털 활용 및 소양 교육이 필요한 사람은 오히려 어른들이라고 할 수 있어요.

우리 아이에게 언제부터 스마트폰을 주어야 할지는, 부모님이 아이의 생활 습관과 태도를 보고 정해야 합니다. 그리고 지금 우리 아이가 스마트폰을 사용하지 않더라도 주변에서 얼마든지 이를 접할 수 있는 상황에 놓여 있기 때문에, 스마트폰을 접하기 전에 아이에게 사용 방법을 올바르게 지도해야 합니다. 또 아이들은 부모님이 사용하는 스마트폰을 통해 직접적·간접적으로 먼저 스마트폰을 접하게 되기 때문에, 평소에 부모님이 이를 올바르게 사용하는 모습을 보여 주셔야겠지요.

아이들이 어릴 때 식사를 하는 중이거나 공공장소에 잘 앉아 있지 않는다고 해서, 그리고 특정 행동(떼를 쓰거나 소리를 지르는 등)을 막기 위해 이목을 끌 만한 영상을 틀어 주는 것은 좋은 대처 방법이 아닙니다. 아이들은 무의식적으로 스마트폰을 바라보게 되고, '왜?'라는 목적성도 없이 자극적인 매체에 시선이 쏠리게 됩니다. 이는 곧 무의미하고 무분별한 스마트폰의 사용, 더 나아가 스마트폰에 대한 집착과 중독으로 이어지게 되지요.

이미 이러한 양육 분위기에서 자라 온 아이들이라면 좀 더 힘들 수 있습니다. 하지만 그래도 초등학생 시기에 올바른 스마트폰 사용법에 대한 지도를 통하여 자기 주도적인 디지털 소양과 활용 역량을 기르는 것은 충분히 가능한 일입니다.

이것만은 꼭!

디지털 사회 속에서 자라나는 아이들의 특징 중 하나는 '생각하는 힘의 결여'라고 할 수 있습니다. 스스로 생각하는 힘을 키우기 위해서는 스마트 기기를 접하기 전에 사용 방법을 올바르게 지도하여야 하고, 아이의 생활 습관과 태도를 보고 스마트폰 사용 시기를 결정해야 합니다.

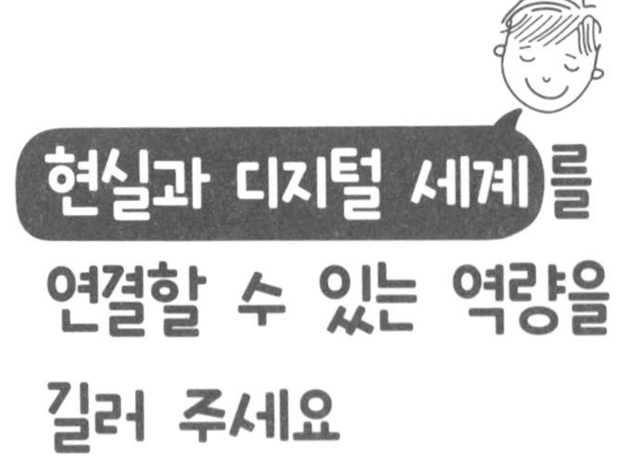

현실과 디지털 세계를 연결할 수 있는 역량을 길러 주세요

영화 「서치」의 한 장면

영화 「서치」에서 주인공은 각종 SNS에서 수많은 정보를 추출하며 사건을 해결해 나갑니다. 여기서 우리는 알고 싶은 것을 키워드화 하는 능력, 사실과 사실이 아닌 것을 판별하는 능력들을 간접적으로나마 배울 수 있습니다. 학교에서 실시하는 스마트 교육이나 디지털 교육도 같은 맥락으로 이루어집니다. 스스로의 의지에 따라 거부하거나 피하기 쉽지 않은 디지털 환경, 정보의 바다에서 막연히 '이건 안 된다.' 혹은 '이건 이렇게 해야 한다.'와 같은 수렴적인 태도가 아니라, 스마트폰이나 태블릿 등의 스마트 기기를 '더 잘' 활용하는 방법과 그렇게 하는 태도를 가르치는 것입니다.

아이들이 자기 자신을 통제할 수 있을 때 스마트폰을 사용하도록 하는 것이 좋겠지만, 아이의 발달 단계상 그것이 쉬운 일은 아닙니다. 새롭고 신기한 문물을 처음 접했을 때의 흥분 상태에서 아이들의 통제력이 작용할 것인지는 알 수 없습니다. 그렇다고 해서 마냥 못 쓰게만 할 수도 없는 노릇이지요. 앞서 언급했듯이 스마트폰을 사용할 때는 내가 알고 싶은 것은 무엇인지, 문제를 해결하기 위해서 스마트폰을 어떻게 사용해야 할지, 무엇을 검색해야 할지 등과 같이 목적성이 뚜렷해야 합니다.

그렇기 때문에 아이들이 스마트 기기를 사용할 때
부모님께서 함께하셔야 합니다.

아이들의 디지털 리터러시를 키워 줄 수 있는 의도된 질문과 함께 말이지요.

그렇다면 부모와 교사들은 아이들에게 어떻게 디지털 소양과 역량을 가르쳐야 할까요? 보통 평일에는 공부하고, 주말에는 마음껏 스마트폰을 하게 하는 방법을 쓰고는 합니다. 예전에 주말에는 PC방에 갈 수 있는 시간을 허락해 주듯이 말이지요. 하지만 초등학교 시기에는 연습과 훈련의 과정이 필요한데, 이러한 방법은 연습이 아니라 이벤트가 되기 쉽습니다. 이렇게 되면 아이들은 주말 동안 일종의 게임에서 임무 완수 후 받는 보상인 퀘스트 리워드처럼 스마트폰 게임을 하게 됩니다. 우리 아이의 모든 습관은 부모에 의해 결정되는 것임을 꼭 기억하셔야 해요.

아이들에게 책임을 주는 것만큼
중요한 것이 바로 연습인데,
특히나 Born Digital 세대에겐
연습의 과정이 반드시 필요합니다.

이 연습이 지속되어야 의식화 단계로 넘어갈 수 있습니다. 오늘 스마트폰 사용은 20분, 내일은 20분, 주말에는 60분. 이런 식으로 스스로 정하고 연습할 수 있도록 해 주어야 합니다. 이러한 연습 없이는 스마트폰만 보이면 게임이 하고 싶어지고, 적은 시간이든 많은 시간이든 모든 시간을 스마트폰과 함께 보내게 됩니다. '저녁 식사 후 과제를 완료한 상태에서 30분 동안 하겠다', '화장실에 가거나 밥 먹을 때는 하지 않는다', '취침 1시간 전부터는 하지 않는다' 등 스스로 규칙을 정하도록 하는 게 좋습니다. 게임을 하는 것을 나쁘다고 생각하는 것이 아니라, 자신과의 약속을 지키지 못하고 과하게 하는 것이 안 좋은 것이라는 생각이 의식화되도록 도와주어야 합니다.

아이들 자신이
스마트폰을 제어할 수 있으려면
스스로 규칙을 정하게 하고,
그에 따른 책임을 주어야 합니다.

학교 현장에서는 스마트폰 사용뿐 아니라 학급의 규칙을 만들 때에도 아이들과 함께 만들고 있습니다. 자신이 직접 만들어야 민주적인 규칙이 되는 것이지요. 부모와 교사는 이러한 교육을 일상생활이나 교육과정에 녹여 내는 의도된 노력이 필요합니다.

우리 반 아이들에게는 '온라인상에서는 항상 존댓말 사용하기', '친구에게 욕이나 비난 댓글을 남기지 않기' 등 처음부터 몇 가지의 원칙을 정해서 안내합니다. 본 디지털 세대의 아이들은 온라인과 오프라인이 연결되어 있기 때문에 이를 제대로 구분하지 못합니다. 따라서 온라인에서 예절 교육이 이루어지면 오프라인으로도 이러한 배려가 이어지게 됩니다. 그리고 나머지 규칙들은 스스로 정하도록 합니다. 아이들 자신이 스마트폰을 제어할 수 있도록 하려면 그만큼의 책임도 주어야 합니다. 아이와 함께 이야기하면서 합의점을 찾아야지, 규칙을 지키지 않는다고 해서 무작정 빼앗거나 사용하지 못하게 해서는 안 됩니다.

스마트 기기를 사용하는 태도 및 습관 형성에 중요한 요소는 자기 주도성과 분별력입니다. 자기 주도성은 스스로 자각하고 깨닫는 과정이 반복되어야 생기게 되고, 분별력은 학습으로 이루어지는 것이 아니라 스스로 체험하면서 형성되지요. 즉, 이는 아이들의 자발적인 참여와 주도적인 경험 없이는 갖추기 어려운 부분이기 때문에, 스스로 규칙을 정하고 점검하는 반복된 훈련이 중요합니다.

자신이 정한 규칙을
매일 저녁, 그리고 주와 월 단위로
점검해 보는 것도 중요합니다.

규칙을 어느 정도 지켰는지, 나의 스마트폰 사용 시간은 얼마나 되는지, 그 정도가 심했는지 등을 스스로 체크하는 시간을 가지고, 주말에는 부모님과 함께 이를 두고 대화하는 시간을 가져 보세요. 적어도 3개월 정도면 아이들은 자신의 필요에 의해 스마트 기기를 사용하는 법을 스스로 의식화하여 활용할 수 있게 될 것이고, 6개월이면 이러한 주도적인 역량이 삶의 일부분으로 느껴질 것입니다. 물론 이러한 노력은 장기적으로 지속되어야 합니다.

이것만은 꼭!

스마트 기기를 사용하는 데 있어서도 연습과 훈련의 과정은 반드시 필요합니다. 아이에게 이유식을 먹이거나 걸음마를 시킬 때에 부모님이 함께 하듯이, 아이가 처음 스마트 기기를 접하고 사용할 때에도 부모님이 함께 해야 합니다. 그리고 스스로 규칙을 정하고 자신과의 약속을 지키는 것이 가치 있는 일이라는 사실을 의식화하도록 도와주세요. 그러면 스마트 기기 사용하는 데 있어 건강한 태도 및 습관을 형성하게 되고, 나아가 현실과 디지털 세계를 연결할 수 있는 역량을 기를 수 있게 된답니다.

초연결 시대의 리더로 성장시키는 스마트한 협력 수업

선생님! 선생님 반에서는 구글로 수업을 한다고 하는데, 구글이 뭐예요?

아! 구글 클래스룸(Google Classroom) 말이군요?

구글 클래스룸은 구글이 학교를 위해 개발한 무료 웹 서비스로, 종이 없이 과제를 제출하고, 배포하고, 피드백을 할 수 있는 교육용 플랫폼이에요. 교사와 학생 사이의 학습 활동 및 학습 결과를 시공간의 제약 없이 공유가 가능하도록 하는 소프트웨어입니다.

구글은 외국 회사의 프로그램 아닌가요? 굳이 우리나라의 좋은 프로그램을 두고 다른 나라의 프로그램을 사용할 필요가 있을까요?

우리나라의 좋은 프로그램이 있다면 당연히 사용하는 것이 맞아요. 스마트폰을 사용하는 것을 예로 들자면, 아이폰을 사용하든 안드로이드폰을 사용하든 우리는 애플 계정이나 구글 계정을 사용하지 않고서는 스마트폰을 사용할 수 없잖아요?

하지만 스마트폰을 각자의 업무나 생활을 위해 멋지게 활용하고 있지 않나요? 세상 어디에나 연결이 가능해지는 초연결의 시대에는 더 이상 이러한 것을 구분 짓기보다는 내게 필요한 것을 찾아서 제대로 활용하는 것이 중요하다고 생각해요. 그리고 코로나로 인해 원격수업이 이미 시작되었는데, 온 · 오프라인 수업에 최적화되어 있는 수업 도구들이 현재 그렇게 많지는 않아요.

구글 클래스룸은 구글 드라이브와 연결되어 구글 문서, 시트, 슬라이드, G메일, 캘린더, 구글 Meet까지 연동이 되지요. 학교 도메인과 개인 코드를 이용하면 자동으로 수업 참여, 개별 과제 제시 및 피드백, 학부모와의 공유까지도 한번에 이루어진다는 장점이 있습니다.

네, 맞아요. 원격수업으로 인해서 학교와 학급에서 여러 가지 수업 플랫폼을 활용하고 있어서 어떤 것을 사용해야 하는지 잘 모르겠어요. 어떤 수업 플랫폼이 좋은가요?

수업 플랫폼은 각 학교와 학급에서 가장 활용하기 좋은 플랫폼으로 결정합니다. 가장 좋은 것은 교사와 학생들이 그동안 활용하고 있었던 익숙한 플랫폼이겠지요. 그것이 아니라면 수업의 형태와 교사-학생 간의 디지털 인프라(무선망, 기기 등) 등을 고려해서 결정해야 합니다. 예를 들어, 미국의 각 학교에서는 교사-학생들의 수업 활동을 관리할 수 있는 LMS 프로그램을 각 학교와 지역 사회의 환경에 맞게 선택하여 사용하고 있습니다. 애플 스쿨이나 구글 클래스룸도 그중 하나이지요.

그렇다면 학교에서 주로 활용하고 있는 교육용 플랫폼에는 어떤 것이 있을까요?

우선 교육부에서 가장 권장하고 있고 학교에서도 가장 많이 사용하고 있는 E-학습터가 있지요. 초기에는 가입 및 접속 문제로 어려움을 많이 겪었지만, 지금은 어느 정도 해결되어 활용하고 있습니다. 교사가 학생의 수업 및 학습을 관리할 수 있는 LMS 기능이 있고, 학교에서 사용하고 있는 교과서 중심의 콘텐츠들을 활용할 수 있는 장점이 있어요. 하지만 교사-학생, 학생-학생 간의 상호작용이나 피드백을 하기에는 어려움이 있지요.

굳이 나누자면 위두랑, 클래스팅, 밴드 등 국내에서 개발한 프로그램을 사용하거나, 구글 클래스룸이나 팀즈 같은 글로벌 기업의 프로그램을 사용하기도 합니다.

원격수업을 할 때 Zoom이나 Meet와 같은 프로그램도 있는데, 이것은 어떤 것인가요?

Zoom이나 Meet는 화상회의 프로그램입니다. 쉽게 설명하자면, 화상통화를 하면서 선생님의 칠판 또는 PC의 수업 자료를 보면서 실시간 쌍방향 수업을 하는 도구를 말합니다. 이러한 프로그램은 원래 회사에서 원격화상회의를 하기 위한 프로그램이었어요. 그런데 코로나로 인해 원격수업 상황에서 많이 도입을 하다 보니 출석 기능, 더 많은 참가 인원, 소회의실 기능 등 학교 수업에 적합한 서비스를 새롭게 추가하거나 무료로 제공하고 있기도 합니다. Meet는 구글에서 만든 프로그램으로, 구글 클래스룸과 바로 연결되어 수업에 활용할 수 있습니다.

코로나로 인해 갑작스레 원격수업이라는 것을 하게 되어, 학생과 학부모뿐 아니라 수업을 시행하는 교사들도 많은 혼란과 시행착오를 겪게 되었어요.

비대면 수업에 필수적인 도구는 바로 데스크탑 PC와 화상 장치, 스마트 디바이스, 유무선 인터넷, 그리고 수업을 가능하게 하는 교육 프로그램이나 플랫폼 등이었습니다.

원격수업 이전부터 이러한 도구들을 수업에 활용하고 있었던 교사와 학생들은 동료 선생님과 학생들에게 이러한 수업을 할 수 있도록 많은 도움을 줄 수 있었어요. 스마트 수업의 기본 방향이 에듀테크를 활용하여 수업의 전과정을 통해 배움을 얻는 것인데, 이 과정에서 가장 중요한 가치가 바로 공유와 협업입니다.

공동의 문제를 함께 해결해 나가기 위해
너와 나의 배움의 과정을 공유하고 재구성하여
새로운 학습의 결과를 생산 및 확산하고,
다른 그룹 또는 학급과 공유하는
선순환의 과정을 경험할 수 있었습니다.

구글 클래스룸을 사용하기 위해서는 구글 G-Suite를 필수적으로 사용해야 하는데, 이는 교육용이 아니라 회사에서 이용하는 구글 클라우드를 기반으로 한 업무 프로그램으로 먼저 사용되었어요. 교육용 G-Suite는 무료이며, 무제한 드라이브를 평생 사용할 수 있다는 장점이 있습니다. 내 수업의 전과정을 평생 포트폴리오화 할 수 있는 강력한 도구라고 할 수 있지요. 이미 기업에서 활용하고 있는 도구들을 교육 환경에서 사용해 본 경험이 있다는 자체로도 의미가 있겠지만, 일반 수업에서 경험하기 힘든 수업의 과정들을 체험해 보는 것에 더 크고 중요한 의미가 있다고 할 수 있습니다.

일반 교실 상황에서는 교사가 모든 학생들의 동시다발적인 질문에 동시에 답할 수가 없지요. 수업 활동 중에도 단위 시간 안에 각 학생의 도달 정도 및 수준에 맞추어 조언과 피드백을 일일이 해 주기란 어렵습니다. 하지만 에듀테크를 활용하면 이러한 일이 가능하게 되지요. 학생 입장에서도 다른 친구의 눈치를 보지 않고 필요한 질문을 할 수 있고, 나의 생각이나 학습 결과물에 대한 의견도 쉽게 나눌 수 있습니다. 또 모둠 활동을 통해 지식을 재구성하고 문제를 해결하는 과정은 기업에서 프로젝트를 해결해 나가는 과정과도 흡사하답니다. 초연결 시대의 디지털 리더로서의 자질을 키울 수 있도록 우리 아이들이 수업에 이러한 도구들을 활용한다고 하면, 무작정 어렵다고 하기보다는 적극적으로 지지해 주시고 응원해 주시기 바랍니다.

이번 원격수업 상황으로 인해서 어려운 점도 많았지만, 이러한 에듀테크를 활용한 수업 도구들에 관심을 가지게 되었습니다. 이 도구들이 학교 현장에서 좀 더 보편화된 것은 위기 속에서 발견한 기회가 아닐까 합니다.

이것만은 꼭!

온라인 학습 도구들은 시간과 공간의 제약을 넘어 나와 다른 사람이 함께 협력하여 공동의 문제를 해결하는 경험을 제공해 준다는 훌륭한 장점을 가지고 있습니다. 디지털 환경에서의 도구들은 알고 나면 별것 아닌데, 접하기 전까지는 전혀 알 수 없다는 특징을 가지고 있습니다. 요즘 나오는 학습 도구들은 대부분 학부모님의 모니터링이 가능한 기능이 탑재되어 있어요. 이메일 주소만 있으면 됩니다. 너무 어렵게만 생각하지 마시고, 아이들이 사용하고 있는 스마트한 학습 도구들을 함께 사용해 보세요.

3부
초등학생의
영어 이야기

1장

중고등학교에서도 통하는 영어

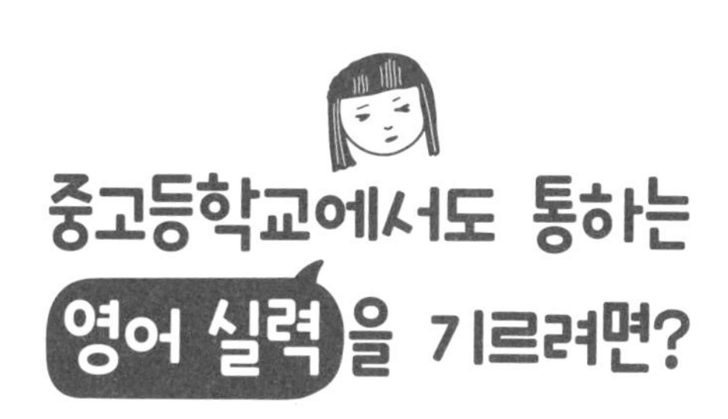

중고등학교에서도 통하는 영어 실력을 기르려면?

초등학생 자녀를 두신 어머니들께서는 아이의 영어 교육에 많은 관심을 가지고 계시지요? 영어 조기 교육 열풍이 계속되고 있어서 자녀를 영어 유치원에 보내거나, 초등학교 입학 때쯤 원어민 영어 학원에 보내는 분들도 계실 것입니다. 그리고 요즘에는 영어 독서 또는 다양한 매체를 활용하여 엄마가 직접 영어를 가르치는 경우도 많더군요.

이렇게 어린 자녀의 영어 교육에 일찍부터 막대한 자원과 에너지를 쏟아붓고 계시지만, 초등학교뿐 아니라 중고등학교에서도 통하는 영어 실력을 길러주는 일이 쉽지 않습니다. 의사소통을 중심으로 한 놀이 위주의 초등 영어 교육은 중학교에 가면 단어 암기와 문법 학습으로 진행되다가, 결국 고등학교에서는 독해에 집중해서 영어 내신과 수능을 준비하게 되는 방향으로 나아갑니다.

이렇게 영어 학습의 경향이 달라지다 보니, 자녀의 초등 영어 교육에 많은 공을 들이신 어머니들께서 가끔 허탈함을 느끼시는 순간이 올 수 있습니다. 아이를 영어 유치원이나 영어 전문학원에 보내거나 혹은 엄마표 영어 교육을 꾸준히 시켰는데, 막상 중학교에 가서 영어 성적이 만족스럽게 나오지 않는 경우가 바로 그것이지요. 어린 시절 배운 영어가 초등학교에서는 통했지만, 상급 학교에서 통하는 영어 실력으로 발전하지 못하는 것은 참으로 허탈하고 안타까운 일입니다. 왜 이런 일이 생길까요? 자녀의 영어 공부를 영어 학원에만 너무 전적으로 맡겨 두셨기 때문은 아닐까요? 혹은 자녀의 영어 학습이 한 군데로 치우쳐서 균형적으로 이루어지지 못했기 때문은 아닐까요?

물론 자녀를 위해 우수한 교육과정과 교육 노하우를 가진 유명 영어 학원이나 학습 프로그램을 선택하는 것도 중요합니다. 하지만 가정에서 복습을 지도해 주고 숙제를 확인해 주어서 아이가 배운 내용을 잘 익히게 하는 것이 더 중요하다고 생각해요. 자녀의 영어 교육을 학원이나 학습지 또는 학습 프로그램에 많이 의존하는 경우라 하더라도, 초등 저학년 때까지는 엄마가 복습을 함께 해 주시면서 배운 내용을 제대로 학습하게 도와주시는 것이 좋겠습니다.

이때 아이가 조금만 잘해도 과하다 싶을 정도의 칭찬을 해 주세요. "우와, 오늘 학원 수업을 진짜 열심히 들었구나! 대단한데!"와 같이 포괄적인 칭찬보다는, "선물 줘서 고맙다는 영어 말을 정말 멋지게 익혔구나! 참 잘했어."와 같이 구체적으로 칭찬을 해 주는 것이 더욱 효과가 큽니다. 초등학생 자녀에게 학습을 지도하거나 복습을 시킬 때 칭찬을 많이 해 주면, 아이는 신이 나서 더욱 공부에 재미를 붙이게 되더군요.

그렇다면 초등학생 아이의 영어 공부를 어떻게 관리해야 중학교와 고등학교에서도 통하는 영어 실력으로 이어지게 할 수 있을까요? 중학교와 고등학교 영어 교사로, 초등학교 영어 회화 전문강사로 영어를 가르쳤던 저의 경험을 통해서, 그리고 엄마로서 제 아이의 영어를 지도했던 실제 사례를 통해서 터득한 방법들을 알려 드리고자 합니다.

먼저, 상급 학교에서도 통하는 영어 실력을 기르기 위해서는 탄탄한 어휘력을 갖는 것이 가장 우선되어야 합니다.

어휘력이라고 하면 보통 단어 암기만 생각하는 경우가 많습니다. 그러나 단어의 철자와 뜻 정도만 기계적으로 암기하는 것으로는 탄탄한 어휘력을 구축할 수 없어요. 한 단어, 한 단어 제대로 습득해야 합니다. 한 단어를 학습할 때 단어의 철자, 발음, 뜻은 물론이고, 그 단어의 문장에서의 쓰임새를 예문에서 확인하면서 익혀야 단어 학습이 제대로 이루어졌다고 할 수 있습니다. 영어 독서를 통해 원어민의 생생한 영어 표현을 접하고 상황과 맥락 속에서 어휘를 익히면, 더 오래 기억할 수 있어서 학습 효과가 큽니다.

예를 들어, 'watch'라는 단어를 처음 배울 때 철자를 쓰면서 [와취]라는 발음도 익히고, 명사로 쓰이면 '손목시계', 동사로 쓰이면 '~을 보다'라는 뜻이라는 것을 익히게 합니다. 그리고 여기에 덧붙여, 문장에서 watch가 어떻게 쓰이고 있는지 예문을 통해 살펴보게 합니다. 영어 리더스나 영어 동화책을 읽으며 watch라는 단어를 발견하고, 그 단어가 어떤 상황에서 어떤 의미로 쓰이는지를 확인한다면, 어휘 학습의 효과는 훨씬 커질 수 있습니다.

두 번째로, 중고등학교에서도 흔들림 없는 영어 실력을 기르기 위해서는, 초등학생 단계에 맞는 기본적인 영문법을 익혀야 합니다. 영어 문법을 공부하기 위해서는 추상적인 사고 작용이 필요해요. 스위스의 교육심리학자 피아제(Jean Piaget)가 제시한 인지발달이론에 따르면, 초등 저학년과 초등 중학년은 구체적 사물이나 실물에 의존하여 사고하는 인지발달 단계에 있습니다. 따라서 영문법 같은 추상적인 개념을 받아들이고 이해하기에는 힘든 측면이 있지요.

그렇기 때문에 저학년 때에는 영어 동화책 등을 읽으면서 영어식 어순이나 문장 구조에 익숙해지는 정도로만 문법을 간접적으로 접하게 하고, 본격적인 문법 교육은 초등 고학년부터 시작하는 것이 효율적입니다. 또 우리 아이의 경우는 초등학교 6학년 때쯤 중학생이 보는 어려운 문법책 대신, 초등학교 5~6학년용 얇은 문법책을 여러 번 공부하게 하는 것이 더 효과적이었습니다.

자녀의 영어 교육을 진행할 때 어머님들이 꼭 염두에 두셔야 할 것은 우리 아이의 심리적·인지적 준비 상태를 잘 고려해야 한다는 것입니다. 영어가 아무리 중요해도 아이의 학습적·심리적 준비도와 수준을 고려하지 않고서 초등 저학년에게 너무 어려운 교재나 프로그램을 가르치는 것은 학습 효과가 별로 없어요. 오히려 아이가 공부에 대한 거부감을 느끼게 하는 부작용을 일으킬 수도 있습니다. 영어 단어 학습이든 문법 학습이든 주변 또래 아이들의 학습 진도나 수준에 너무 마음 쓰지 마시고, 우리 아이가 학습에 대한 준비가 될 때까지 기다려 주시는 인내와 지혜가 필요합니다.

이것만은 꼭!

초등학생 자녀의 영어 공부가 중고등학교에서도 통하는 영어 실력으로 이어지려면, 영어 교육을 학원이나 학습지에만 전적으로 맡기지 마세요. 어머니들께서 초등 저학년 때까지는 그날 배운 내용에 대해 자녀와 함께 복습을 해 주시고, 숙제도 확인해 주시는 것이 좋습니다. 그리고 탄탄한 어휘력을 기르기 위해 단어 학습에 많은 공을 들여야 하며, 문법 학습은 초등 고학년부터 본격적으로 진행하는 것이 효과적입니다.

초등 영어 어휘 학습법

우리는 흔히 '영어'라고 하면 영어 회화나 독해를 가장 먼저 떠올리게 됩니다. 그런데 영어로 말하고 영어 지문을 읽으려면 기본적으로 영어 어휘를 알아야 하지요. 물론 영어 문법을 익혀야 보다 완성도 높은 회화와 독해를 해낼 수 있겠지만, 문법을 잘 몰라도 어휘만 제대로 알고 있으면 영어의 90%가 해결된다고 생각합니다. 또 적절한 어휘 몇 개만 조합해서 말해도 간단한 의사소통이 되기 때문에 영어 학습에서 가장 중요한 것은 언제나 어휘 학습입니다.

하지만 영어 단어 학습은 영어 공부의 중심인데도 불구하고 영어 공부의 주변부로 밀려나 있는 경우가 많습니다. 영어 교육에서 중요한 어휘 학습이 아이들이나 학부모 사이에서, 심지어 학교나 학원에서조차 그 중요성에 비해 너무 소홀하게 다루어지고 있다는 생각이 듭니다. 학원이나 학교에서도 영어 단어는 숙제로만 내 주고, 단어에 대한 설명을 제대로 해 주는 곳은 거의 없었어요. 그래서 영어 단어도 조금만 성의껏 가르치면 아이들이 훨씬 유의미하고 재미있게 배울 수 있을 텐데 하는 아쉬움을 느끼곤 했지요.

아이들이 단어 암기를 숙제로 해 가는 경우, 그냥 철자와 뜻만 대충 암기하려는 경향이 큰 것이 사실입니다. 아이들이 단어 학습을 지루하고 힘든 암기 정도로만 생각하여 학원 가기 30분 전에 숙제로 받은 단어들을 한꺼번에 급히 암기하고, 단어 테스트를 보고 나면 바로 잊어버리는 경우가 많아서 참으로 안타깝습니다. 일부 영어 학원에서 한번에 영어 단어를 오십 개씩, 백 개씩 암기해 오도록 하는 과중한 숙제를 부과하는 것도 큰 문제입니다. 열 개 혹은 이십 개의 단어라도 제대로 차근차근 익히게 하는 것이 보다 효율적일 것이라 생각됩니다.

초등 고학년부터는 영어 단어를
철자, 발음, 뜻, 예문에서의 쓰임새까지
제대로 공부할 수 있게 지도하시면,
시간이 흐를수록 아이가 탄탄한 어휘력과
문장 구사력을 가지게 될 것입니다.

그러면 영어 단어를 구체적으로 어떻게 공부하면 좋을까요? 가장 일반화된 단어 공부 방법은 철자를 몇 번 써 보고 우리말 뜻을 암기하는 것입니다. 그런데 이렇게 단어의 철자와 뜻만 암기하는 것만으로는 어휘가 충분히 습득되지 않아요. 철자와 뜻뿐만 아니라, 정확한 발음을 듣고 따라 하는 발음 연습도 꼭 필요합니다. 단어의 제대로 된 발음을 익혀야만 그 단어가 쓰인 문장을 듣고 이해할 수 있고, 그 단어를 사용해서 자신 있게 말할 수도 있어요. 또 발음을 통해 철자를 자연스럽게 유추할 수 있기 때문에 단어의 발음을 익히는 것은 그 단어의 철자를 익히는 것과 연결되어 있습니다. 그래서 발음에 대한 연습도 어휘 학습에서 상당히 중요한 것이지요.

단어의 철자, 발음, 뜻을 파악하고 익히면 어휘 학습은 충분할까요? 초등 저학년 단계에서는 그 정도면 충분한 편입니다. 그렇지만 문법을 서서히 배우게 되는 초등 고학년에게는 철자, 발음, 뜻에 대한 공부만으로는 부족하고, 단어 공부를 좀 더 깊이 있게 해야 중학교와 고등학교에서도 통하는 영어 실력을 기를 수 있습니다. 따라서 초등 고학년부터는 단어의 품사, 즉 그 단어가 명사인지, 동사인지, 형용사인지, 부사인지를 파악하고, 예문에서 그 단어의 쓰임새까지 학습해야 제대로 된 어휘 학습이라고 말할 수 있습니다.

예를 들어, 'increase'라는 단어를 익힐 때 먼저 철자를 쓰면서 강세(액센트)를 포함한 정확한 발음을 익힙니다. 그리고 명사로 쓰이면 [인크리스]로 발음되고 '증가'라는 뜻을 가지며, 동사로 쓰이면 [인크리즈]로 발음되고 '증가하다, ~을 증가시키다'라는 뜻으로 쓰인다는 것을 익힙니다. 여기에 하나 더, 문장에서 increase가 어떻게 쓰이고 있는지 예문을 통해 살펴보아야 합니다. 최소한 그 단어가 동사라면 뒤에 목적어를 필요로 하는지, 혹은 목적어가 필요 없이 쓰이는지를 예문 속에서 확인해야 합니다.

> 이렇게 한 단어 한 단어를 정성껏 공부하고
> 복습을 통해 반복 학습을 하면,
> 이런 노력이 쌓여서 흔들림 없는
> 영어 어휘력을 가지게 됩니다.

영어 단어 하나를 암기하는 데 공부해야 할 것이 너무 많다는 생각이 드시지요? 수학 등 다른 과목 숙제도 해야 하는데, 영어 학원 가기 30분 전 정도에 급히 철자와 뜻만 눈으로 익히는 식으로 영어 단어를 공부해 온 아이들의 입장에서는 제가 제시한 어휘 학습법을 시도하는 것이 상당히 부담스럽게 느껴질 것입니다. 단어를 공부하는 데 시간이 두세 배 정도 더 걸릴 것으로 보이기 때문이지요. 학원이나 학교의 영어 단어 프린트에는 단어의 철자와 뜻만 나와 있으니 컴퓨터나 스마트폰의 영어사전에서 그 단어들을 일일이 검색해 봐야 하고, 비록 기계음이지만 단어들의 발음을 확인하고 따라 하는 연습을 해야 하니까 공부 시간이 더 걸릴 수밖에 없지요. 게다가 고학년부터는 단어의 품사와 예문에서의 쓰임새까지 공부하려면 시간이 훨씬 많이 필요할 것입니다.

단어를 공부할 때 예문도 읽어 가며 문장에서의 쓰임새까지 파악하려면, 사실 처음에는 많은 시간과 노력이 듭니다. 그런데 정말 기초 실력을 쌓는 데에는 이만한 방법이 없다고 생각합니다.

이렇게 차근차근 단어의 실제적 쓰임까지 챙기면서
새 단어들을 계속 습득해 나간다면
중학교에서 영어는 아주 쉬운 과목으로 느껴질 것이고,
고등학교에 가면 영어의 전성기를 맞이할 수 있어요.

영어의 전성기가 무엇일까요? 제가 생각하는 영어의 전성기는 영어에서 흔들림 없는 실력을 갖추고 있어서 수월하게 좋은 성적을 받을 수 있고, 영어에서 절약한 시간과 노력을 다른 과목 학습에 할애할 수 있을 만큼 영어 과목이 내 아이의 큰 강점이 되는 순간을 말합니다.

아이가 영어 문법도 공부해야 하니 단어 학습에 이렇게 많은 시간을 할애할 수 없다고 생각하시는 분들도 계실 것입니다. 그런데 중학교와 고등학교에서 영어를 지도했고, 초등학교에서 영어 회화 전문강사로 일한 제 교육 경험을 총동원해서 내린 결론이 하나 있습니다. 바로 영어 학습은 단어를 제대로 철저하게 공부하는 것에서 시작된다는 것입니다. 문법 공부가 걱정되신다면, 초등 고학년 이후에 문법을 집중적으로 학습하게 하면 충분합니다. 그러나 영어 어휘 학습은 영어 교육의 처음부터 끝까지 차근차근 꾸준히 해야 할 공부이며, 영어의 기본기를 세우는 기초공사와 같습니다. 따라서 어휘 학습은 자녀의 영어 교육에서 가장 기본이면서, 가장 공을 들여야 하는 부분입니다.

또 한 단어 한 단어를 제대로 익히는 것도 중요하지만, 한 번 공부한 단어를 반복 학습을 통해 장기적으로 오래 기억하게 하는 것이 더욱 중요합니다.

이를 위해 아이의 수준에 맞는 영어 원서를 꾸준히 읽게 하면, 영어 어휘 학습을 보다 효과적으로 할 수 있어요. 영어 스토리북에서 새 단어를 만나면 그 어휘에 대한 학습을 할 수 있고, 이미 알고 있는 단어를 만나면 그 단어의 문장에서의 쓰임과 상황에 따른 정확한 의미까지 확인할 수 있습니다. 이러한 장점이 있기 때문에 어휘 학습을 영어 원서 읽기와 연계해서 진행하는 것을 추천해 드립니다.

그리고 이미 익힌 단어를 영어 원서에서 계속 만날 수 있고, 문장 속에서 단어의 쓰임을 반복해서 확인할 수 있으므로, 영어 독서를 계속 진행해 나가는 것은 어휘 학습에 대단히 효과적이에요. 여러분들의 자녀들이 초등학생 때부터 영어 단어를 제대로 공부해서 탄탄한 어휘력을 가지길 바랍니다.

이것만은 꼭!

초등 영어 교육에서는 어휘 학습이 가장 핵심이므로 한 단어 한 단어 공을 들여서 제대로 배워야 합니다. 단어의 철자, 발음, 뜻을 익히고, 고학년이 되면 단어의 품사와 예문에서의 쓰임새까지 공부해야 탄탄한 어휘력을 갖게 됩니다. 그리고 단어를 철저히 공부하는 것도 중요하지만, 반복 학습을 통해서 학습한 단어를 오래 기억하는 것도 중요합니다. 아이의 수준에 맞는 영어 원서를 읽게 하면 아이가 이미 학습해서 알고 있는 단어를 맥락이 있는 문장 속에서 만나게 되어, 재미를 느끼면서 효과적으로 단어 복습을 할 수 있습니다. 영어 원서 읽기를 통해 새 단어들도 많이 접하게 되는데, 스토리와 상황 속에서 단어를 배울 수 있어서 좀 더 효과적으로 어휘력을 넓힐 수 있어요.

본격적인 문법 지도는 초등 고학년부터

우리 세대는 영어를 중1부터 배웠고, 영어를 하나의 과목으로 학습적으로 배웠지요. 그렇다고 해서 우리 아이 세대의 영어 교육도 똑같은 방법으로 시키는 것은 좀 생각해 볼 문제입니다. 30년이 넘는 세월 동안 사회상도 많이 변했고 교육적 접근도 많이 달라졌으며, 무엇보다 세대가 다릅니다. 우리 아이들은 영상에 열광하는 디지털 세대입니다. 30년 전에 우리가 했던, 단어를 기계적으로 암기하고 문법책을 여러 권 떼면서 영어를 공부하는 방식은 현재의 Z세대들에게 맞지 않아요.

영어 문법 교육의 트렌드가 문법 지식 학습에서 의사소통 중심으로 바뀌면서, 문법의 세부 지식까지 세밀하게 공부하던 예전 방식은 이제 고등학교 내신에서도 통하지 않습니다. 고교 내신에서조차도 문법만을 위한 문법 문제는 몇 문항 출제되지 않는 추세이고, 수능 영어에서 어법 문제는 두 문항 이하로 출제되고 있습니다. 수능 영어의 어법 문제에서도 주어와 동사의 호응 관계, 동사의 시제, 준동사의 쓰임, 동사의 능동과 수동, 병렬구조 등 문장을 전체적으로 이해하는 핵심적이고 굵직한 문법만 선별적으로 묻고 있을 정도로 문법은 실용적이면서 의사소통 중심적으로 간소화되고 있습니다. 따라서 이러한 영어 문법 교육에서의 변화를 인지하고, 우리 아이들의 영어 문법 교육을 새 시대에 맞게 준비시켜야 할 것입니다.

자녀의 영어 교육을 어떻게 진행하고 계신가요? 보통 초등 저학년 때까지는 영어 파닉스와 기초 영어 표현을 배우게 하고, 아이의 학습 진행 속도에 따라 수준을 높여 가며 영어 원서를 읽게 하실 것입니다. 그러면 영어 문법은 언제쯤 가르치는 것이 효과적일까요? 아이가 영어 원서를 읽을 때쯤 문법을 좀 더 상세하게 배우면 좋겠다는 생각이 들기도 하시겠지만, 본격적인 문법 교육은 아이가 고학년이 될 때까지 기다려 주셔야 합니다.

아이가 아무리 얇고 그림이 많은 영어 스토리북을 읽는다고 해도 그 책에는 단어가 아닌 문장이 나오기 때문에, 단어를 배열해서 문장을 만드는 원리인 문법도 알려 주어야겠다는 생각이 드실 수도 있어요. 그렇지만 아이가 아직 초등 저학년이라면 영어 원서를 읽으면서 단어의 뜻을 알려 주시되, 구체적인 문법 설명은 절제할 필요가 있습니다.

구체적인 문법 설명을 해 주는 대신
내용을 설명해 주면, 아이는 자연스럽게
영어식 표현과 어순에 익숙해지게 됩니다.

"이건 명사야, 이건 동사야, 이건 to부정사야, 이건 관계대명사야…." 이런 식으로 하나하나의 문법 사항을 다 설명하면서 원서를 읽게 하면 아이는 스토리의 맥이 계속 끊겨서 흥미를 잃게 되고, 문법 용어 자체를 어려워해서 영어 공부는 힘들다고 생각하게 될 가능성이 큽니다. '이름을 나타내는 말의 복수형에

-s를 붙인다.' 혹은 '행동을 나타내는 말의 과거형에 -ed를 붙인다.' 정도의 아주 흔히 나오는 문법 사항 몇 가지만 아이의 이해 정도를 확인하면서 조금씩 가르치면 될 것입니다. 좀 더 세밀한 문법 설명은 적어도 초등 5학년은 되어야 가르칠 수 있으며, 중1은 되어야 문법을 제대로 본격적으로 가르칠 수 있더군요.

그러면 문법은 왜 초등 고학년 때부터 가르치는 것이 좋을까요? 피아제(Jean Piaget)의 인지발달이론에 따르면, 초등 4학년까지는 인지발달 단계상 구체적 조작기에 속하고, 초등 5학년부터 형식적 조작기에 속한다고 합니다. 구체적 조작기는 구체적 사물을 보고 사물 간의 관계를 인지하고 실물이나 구체적 사물에 의존하여 사고하는 시기이며, 형식적 조작기는 논리적인 추론이 가능하고 추상적인 원리를 이해할 수 있는 시기입니다.

물론 아이들마다 인지발달의 속도와
이해력의 정도에 차이가 있겠지만,
문법은 추상적인 사고를 요구하는 분야이므로
추상적 사고가 가능한 시기인
초등 고학년 이후에 배우는 것이 효과적입니다.

이렇게 인지발달 단계를 고려하여 영어 문법을 초등 고학년부터 배우게 하는 것이 바람직하지만, 실제로는 지나친 교육열과 옆집 아이와의 경쟁 등으로 초등 영어에서도 조기에 문법을 가르치려는 시도가 많은 듯합니다. 원어민이 가르치는 유명 영어 학원에서 초등 4학년 학생들에게, 영어 원서로 된 문법책을 어떠한 가공도 하지 않고 그대로 가져다 쓰면서 영어 문법을 영어로 가르치는 사례를 본 적이 있습니다. 그리고 영어 학원에서 초등학생들에게 중학생이 보는 영어 문법책을 가르치는 경우도 많이 보았지요.

주어, 목적어, 보어, 전치사, 부정사, 분사 등 추상적인 개념들로 가득 찬 문법책을 원서로, 혹은 중학생용 교재로 주입하듯 가르치는 문법 교육은 지양되어야 합니다. 제가 오랜 시간을 중고등학교 영어 교사로 근무하면서 경험한 바로는, 중1 학생들도 문법 설명을 못 알아듣거나 어렵게 생각하더군요. 그런데 문법을 받아들일 만한 인지적 단계에 도달하지 못한 어린 초등학생에게 문법을 주입식으로 가르친다는 것은 참으로 비효율적인 일이라 할 수 있습니다.

이것만은 꼭!

초등학생 자녀의 영어 문법 교육은 너무 일찍부터 시키지 않는 것이 좋습니다. 아이의 인지발달 단계상 추상적 사고가 가능한 시기인 초등 고학년 때부터 문법을 가르치는 것이 합리적입니다. 뭐든지 일찍 시키면 더 유리하지 않겠냐는 생각은, 교육에서는 크게 경계해야 할 위험한 발상입니다. 아직 문법을 받아들일 준비가 되지 않은 초등 저학년에게 무리하게 문법을 가르치려고 하면, 오히려 아이는 인지 과부하로 인해 영어를 거부하게 되는 경우도 생길 수 있습니다.

초등 영어 문법 지도법

초등 저학년들에게는 영어 문법을 따로 떼어 놓고 가르치는 것보다는, 영어 원서 읽기를 통해 스토리와 맥락 속에서 아이가 자연스럽게 영어식 표현과 영어 어순에 익숙해지게 하는 방식이 바람직합니다. 초등 아이들은 영어 원서를 읽으면서 생생한 영어 어휘와 함께 영어 문장을 통째로 접하기도 하고, 영어 전문학원에서 원어민 선생님의 발화 속에서 말로 표현된 영어 문장을 자연스럽게 듣기도 합니다. 그런데 리딩 도중 영어 원서에 나온 문장마다 일일이 문법적 설명을 하면서 가르치거나 배우는 것은 불가능할 뿐 아니라, 효율적이지도 않습니다. 아이들에게 문법 용어를 쓰면서 상세하게 문법을 설명하지 않아도 단어 학습을 통해 내용 이해를 시켜 주면, 아이들은 조금씩 그런 문법이 쓰인 문장들에 익숙해지게 됩니다. 영어 읽기나 듣기에서 매우 자주 나오는 '명사의 복수형에는 -s를 붙인다.', 혹은 '동사에 -ed를 붙이면 -했다는 뜻이 된다.' 정도의 기초 문법 사항만 조금씩 알려 주셔도 충분합니다.

그러면 초등 고학년들에게는 문법을 어떻게 가르치는 것이 좋을까요? 영어 문법의 가장 핵심 파트는 동사의 쓰임이기 때문에 동사를 중심으로 하여 만들어지는 문장의 다섯 가지 구조, 즉 문장형식을 가장 우선적으로 가르칠 것을 권해 드립니다. 요즘처럼 모든 것이 고도로 발달된 시대에 아직도 영어 문법에서 문장형식부터 배워야 한다는 것을 좀 의아하게 생각하시는 분들도 분명히 계실 거예요. 그런데 무수히 많은 영어 문장들을 분석해 보면, 모두 문장의 다섯 가지 형식 중 하나에 해당됩니다.

따라서 문장형식에 대한 제대로 된 이해만 있으면
이미 알고 있는 영어 단어 몇 개를 선택하여 배열함으로써
충분히 이해 가능한 영어 문장을 만들어 낼 수 있다는 점에서,
저는 문법에서 문장형식을 특히 강조하는 입장입니다.

영어 문법은 영어 단어들이 배열되어 문장을 만드는 규칙입니다. 그래서 우리 아이들이 익힌 영어 어휘들을 적절하게 배열해서 말이 되는 문장으로 만드는 것을 가능하게 해 주는 것이 바로 문법이라 할 수 있습니다. 어릴 때부터 영어적 환경에서 자랐거나 원어민과 접촉을 자주 해서, 충분한 기간 동안 자연스럽게 영어에 노출된 아이들은 먼저 소리로 영어를 배우게 되지요. 이런 경우 문법을 자세하게 배우지 않아도, 직관적으로 어떤 문장이 어색하다거나 자연스럽다는 것을 알아낼 수 있습니다.

그러나 영어를 외국어로 배우며 영어에 많이 노출되지 않은 EFL(외국어로서의 영어, English as a foreign language) 상황에서, 주 2~3회씩만 영어 학원 등에서 영어를 접하는 아이들은 이러한 직관을 가질 수 없겠지요. 그렇기 때문에 결국 영어 문법이라도 배워야 영어를 문장으로 말하고 쓸 수 있는 것입니다. EFL 상황에서 영어를 배울 때 초기 단계에서는 단어 암기나 통문장 암기

등이 필요하지만, 암기만으로 상황에 맞는 문장을 만들어 내서 말이나 글로 표현하는 데에는 한계가 있습니다. 그래서 문법이 필요한 것이지요. 가장 일반적인 영어 문장 만들기 방법이 바로 문장형식을 익히고, 이것을 활용해서 문장을 만드는 연습을 해 보는 것입니다.

영어 말하기나 쓰기를 요리에 비유하면, 어휘는 요리의 재료에 해당되고 문법은 조리법에 해당됩니다. 즉, 요리를 만들기 위해서 재료와 레시피가 함께 필요하듯이, 영어를 말하고 쓰기 위해서는 어휘와 문법이 꼭 필요한 것이지요. 영어 문법은 단순히 영어 스토리북을 읽거나 고교 영어의 독해 지문을 수동적으로 이해하기 위해서만 필요한 것이 아니라, 아이들이 능동적으로 자기가 하고 싶은 말을 영어로 말하고 문장으로 쓰는 것을 가능하게 해 주는 레시피와도 같습니다.

결론적으로, 영어를 외국어로 배워야 하는 상황에서
영어의 네 가지 영역인 듣기, 말하기, 읽기, 쓰기
모두를 가능하게 해 주는 것은
영어 어휘와 문법의 협연이라고 할 수 있습니다.

많은 전문가들이 영어를 자연스럽게 배우기 위해서는 문법의 속박에서 벗어나야 한다는 주장을 펼쳐 왔지만, 초·중·고 교육 현장에서 직접 영어를 가르쳐 본 저는 생각이 좀 달라요. 물론 지엽적이고 사소한 문법 사항에 얽매여 영어로 된 말 한 마디, 글 한 줄을 속시원하게 구사하지 못하는 현상은 경계해야 됩니다. 그러나 문장이 되도록 단어를 배열하는 방법으로서의 핵심적이고 굵직한 문법은 반드시 필요합니다.

특히, 동사 위주의 문법을 익히는 것이 가장 우선시되어야 합니다. 단어를 문장이 되게 배열하는 법을 익히려면, 영어의 동사를 이해해야 합니다. 어떤 동사 뒤에는 어떤 성분의 단어들이 어떻게 배열되는가, 즉 동사를 중심으로 동사 뒤에 어떤 구조가 오는지와 같은 가장 기본적인 문장형식에 대한 이해가 반드시 있어야 한다고 생각해요.

가장 간단한 형식인 1형식 문장은 주어+동사로 구성되니까, 아이들은 1형식 문장이 가장 짧은 문장인 줄 압니다. 그런데 사실 1형식 문장도 뒤에 부사나 부사구가 끝없이 올 수 있어서 상당히 긴 문장이 될 수 있어요. 아래의 예문을 가지고 설명해 보겠습니다.

They run. (그들은 달려요.)
주어 동사

They run slowly. (그들은 천천히 달려요.)
주어 동사 부사

They run slowly in the park. (그들은 천천히 공원에서 달려요.)
주어 동사 부사 장소부사구

They run slowly in the park with their family.
주어 동사 부사 장소부사구 방법부사구
(그들은 천천히 공원에서 그들의 가족과 함께 달려요.)

They run slowly in the park with their family
주어 동사 부사 장소부사구 방법부사구
every morning.
시간부사구
(그들은 천천히 공원에서 그들의 가족과 함께 매일 아침 달려요.)

이와 같이 1형식 문장이 가장 간단한 구조이지만, 동사 뒤에 동사를 꾸며 주는 부사구가 여러 개 붙을 수 있어서 아주 긴 문장도 얼마든지 만들어 낼 수 있어요. 수식어에 불과한 부사나 부사구는 문장에서 아무리 여러 개가 쓰여도 문장의 주요 성분이 아니어서 문장형식에 영향을 주지 않습니다.

1형식 문장만 예를 들었지만, 2형식부터 5형식 문장들도 모두 이런 식으로 뜻을 추가하는 수식어들이 붙으면서 문장이 길어지고 의미가 더욱 풍부해집니다.

이제 짧은 영어가 아니라 긴 영어도 말할 수 있고 글로 쓸 수 있겠다는 생각이 드시지요?

그런데 문장형식을 이해하려면 주어가 무엇인지, 동사가 무엇인지, 목적어나 보어 등이 무엇인지, 문장성분의 추상적인 개념도 이해해야 합니다. 그리고 주어 자리에는 주로 명사가 오는 것이 일반적이지만 명사 대신 대명사가 올 수도 있고 명사구나 명사절도 올 수 있다는 것을 배워야 하며, 동사의 시제가 현재일 수도 있지만 과거나 미래 등 다양한 시제를 나타낼 수 있다는 것도 공부해야 합니다. 또 어떤 동사는 3형식에 쓰이고 5형식에도 쓰일 수 있다는 것도 익혀야 하지요. 결국 문장의 다섯 가지 형식을 공부하다 보면 문장성분과 품사, 동사의 시제 등 다양한 문법 사항을 공부해야 하기 때문에, 문장형식을 제대로 익힌다는 것이 그렇게 간단한 공부가 아님을 알 수 있습니다.

이것만은 꼭!

영어 문법은 단어들을 배열해서 문장을 만드는 규칙을 배울 수 있기 때문에, 어휘 학습 다음으로 중요한 공부거리입니다. 아동의 인지발달상 초등 영어에서 문법은 고학년 때부터 가르치는 것이 효과적이며, 아이가 인지적·심리적으로 문법을 배울 준비가 될 때까지 기다려 주시는 것이 바람직합니다. 또 문법은 지엽적이고 사소한 사항보다는 동사 뒤에 오는 단어들의 배열 구조, 즉 문장형식을 익혀야 문장을 분석하고 문장을 만들어 낼 수 있게 됩니다.

초등학생 어머니들 중 엄마표 영어로 자녀에게 영어를 가르치시는 분이 계신가요? 영어 동화책이나 오디오, 동영상 등의 미디어 자료를 활용하여 우리 아이에게 맞는 영어를 가르친다는 취지에서 시작된 엄마표 영어는 주로 영어 파닉스 익히기부터 시작해서 영어 원서 읽기로 연결되어 진행되는 경우가 많더군요.

초등학교 때에는 한글을 뗀 이후 독서를 꾸준히 시켜서, 읽고 쓰는 능력과 함께 이해력과 사고력을 길러야 합니다. 그리고 이러한 독서와 더불어 영어 독서도 병행해야 한다고 생각합니다. 우리말로 독서 지도하기도 벅찬데 영어 독서까지 지도해야 하는 이유가 무엇일까요? 바로 영어 원서 읽기가 매우 효과적인 영어 학습 방법이기 때문입니다.

그러면 도대체 영어 원서 읽기가 어떤 점에서 그렇게 효과적인 영어 학습일까요? 영어 독서의 효과는 이미 잘 알려져 있고, 수많은 사례로 그 효과가 검증되었습니다. 먼저, 원어민 어린이들이 읽는 영어 동화책을 통해 실생활에서 사용되는 살아 있는 영어 표현을 배울 수 있어요. 이러한 영어 동화책에는 영어 회화 과정을 위해 만들어진 코스북의 딱딱한 표현들이 아니라 실제 원어민이 쓰는 생생한 표현이 나오기 때문에, 외국어로 영어를 배워야 하는 우리 아이들을 영어 환경에 제대로 노출시킬 수 있다는 엄청난 장점을 가지고 있습니다.

영어 원서에는 원어민의 생생한 언어 표현들이
앞뒤 문맥과 함께 제시되어 있어서,
상황 속에서 영어를 배울 수 있는 기회를 제공해 줍니다.

영어 원서 읽기를 통해 상황의 흐름 속에서 문장들을 보게 되어, '아하! 이럴 때 이런 표현을 쓰는구나!' 하고 자연스럽게 영어적 표현을 배울 수 있어요. 그리고 영어 표현이 재미있는 스토리와 함께 제시되므로 이러한 표현을 더 오래 기억할 수 있게 됩니다.

또 하나 빼놓을 수 없는 영어 독서의 장점은 영어 어휘 학습과 문법 학습에 큰 도움이 된다는 것입니다. 맥락 없이 제시되는 단어장을 보고 어휘를 무작정 암기하는 것보다는, 영어 동화책을 통해 스토리와 맥락 속에서 영어 어휘가 쓰이는 것을 보면서 어휘를 배우는 것이 훨씬 더 효과적이고 기억도 오래 할 수 있습니다. 일반적으로 영어 동화책에는 같은 단어가 여러 차례 반복해서 나오거나, 유사어로 변화를 주며 제시되는 경우가 많지요. 그러므로 아이가 어떤 단어와 그 동의어를 동화책의 여기저기에서 만나면서, 그 단어를 반복해서 익히게 되어 어휘 학습의 효과가 커집니다. 또 영어 독서를 꾸준히 하다 보면 영어식 어순과 영어식 표현에 익숙해지면서 '이런 구조의 말이 이런 뜻으로 쓰이는구나.' 하는 경험적 자료가 아이의 머리 속에 자연스럽게 쌓이게 되지요. 이런 점에서 영어 원서 읽기는 문법을 자연스럽게 체득하는 데도 큰 효과가 있습니다.

우리 아이가 초등학생이던 시절에 저는 고등학교에서 영어 교사로 근무하고 있어서 아이에게 엄마표 영어를 해 줄 시간적 여유가 없었습니다. 그때는 엄마표 영어를 가르칠 시간도 없었을 뿐 아니라, 초등 영어를 어떻게 가르쳐야 할지 감을 잡을 수도 없었어요. 이제 영어를 시작하는 초등 1학년 아이에게 중학생이나 고등학생에게 영어를 가르쳤던 방식 그대로 가르치는 것은 맞지 않다고 생각했습니다. 그래서 원어민이 가르치는 영어 학원에 아이를 보내서, 원어민 선생님의 생생한 영어 말소리를 들으면서 놀이 위주의 수업을 받게 했어요. 아이는 그곳에서 파닉스와 함께 간단한 영어 표현을 배워 왔지요.

영어 학원을 다녀오는 날이면
제가 아무리 바빠도 아이와 함께
배운 내용을 복습해 주었습니다.

저는 초등 1학년이었던 우리 아이에게 섣불리 단어 암기나 문법 설명 등 중고등학생들을 가르치던 방식으로 영어를 가르치지 않았고, 영어를 먼저 소리와 언어로 접하도록 원어민 영어 학원에 보냈던 것입니다. 그러면서 학원에서 사용하는 교재와 활동지 등을 보며 그들의 노하우를 조금씩 연구했어요. 그리고 주말이나 방학을 이용해서 아이에게 영어 동화책을 읽어 주었습니다. 영어 단어를 많이 알지 못했던 초등 1학년 때에는 아이의 읽기 수준에 맞는 영어 읽기 훈련용 교재인 리더스를 아이가 소리 내어 읽게 하고,

옆에서 읽는 것을 도와주었어요. 리더스에는 어휘나 문장 수준이 고도로 통제되어 나오기 때문에 학원에서 파닉스를 통해서 배운 익숙한 단어들이 많이 나와 있어서, 아이는 크게 힘들어 하지 않고 리더스북을 더듬더듬 소리 내어 읽더군요. 그러나 리더스들은 읽기 연습을 위해 만들어진 교재이다 보니 비교적 짧은 편이고 내용이 풍부하지 않기 때문에, 이것만 읽게 하면 자칫 아이가 지루해 할 수 있었습니다.

그래서 리더스로 읽기 훈련을 시키면서
동시에 재미있고 표현들이 풍부한 영어 동화책을
제가 아이에게 읽어 주었어요.

영어 동화책은 아이 혼자 읽기에는 어려운 경우가 많으므로, 엄마가 읽어 주고 내용 설명을 해 주는 것이 필요합니다.

요즘 들어 엄마표 영어로 자녀의 파닉스와 영어 읽기를 지도하시는 분들이 많습니다. 우리 엄마들이 영어에 능통하지 않다 보니 아이를 가르치실 때 어려움을 느끼시는 분들이 많을 것으로 생각됩니다. 하지만 좋은 교재와 영어 독서 프로그램들이 있으므로 이를 잘 활용하시면 엄마가 영어에 자신이 없어도 영어 독서 지도를 하실 수 있습니다. 영어 원서와 함께 오디오 자료도 같이 나와 있어서, 원어민이 책을 읽어 주는 오디오 자료를 활용하여 듣기와 읽기를 함께 지도할 수 있지요. 온라인 영어 독서 프로그램이나 독서 지도 센터 같은 곳에서 영어 원서에 관한 내용 이해를 확인하는 퀴즈나 어휘 퀴즈 등의 워크북이나 연습지를 제공 받을 수도 있습니다.

그런데 영어 독서 지도 초기 단계인 파닉스나 초기 리더스까지는 지도가 가능하지만, 미국 초등학교 2학년 수준의 리딩 지수 AR 2.0 이상 되는 영어 원서부터는 읽기 수준이 많이 올라가서 엄마들이 영어를 계속 가르치는 데에 한계가 오는 경우가 있습니다. 그래서 파닉스와 기초 읽기 단계 정도까지만 엄마가 함께해 주시고, 읽기 단계가 높아지면 리딩 전문학원이나 센터의 도움을 받는 것이 좋을 듯합니다. 또 아이의 읽기 레벨이 올라가면서 영어 말하기와 쓰기 지도도 병행해야 하는데, 말하기와 쓰기는 전문성이 요구되는 분야예요. 따라서 엄마가 공부하고 연구하면서 아이를 가르치거나, 혹은 영어 전문학원에 보내는 선택을 해야 하는 순간이 올 수 있습니다.

엄마표 영어라고 해서 자녀의 영어를 처음부터 끝까지 가르칠 수는 없다고 생각합니다. 엄마의 영어 지도 역량에 한계가 오면, 영어를 전문적으로 가르치는 곳에 영어 지도를 맡기는 것이 현명한 선택일 수 있어요. 그 대신 아이가 학원을 다녀오면 아이와 함께 복습해 주시고 숙제를 확인해 주시는 학습 코칭과 지속적인 관리는 필요합니다.

간혹, 아이의 사춘기가 좀 일찍 와서 엄마와의 영어 공부를 지루해 한다거나 거부하는 경우가 생기기도 해요. 이런 경우에도 계속 엄마표 영어를 강행하기 힘들 것입니다. 아이가 이런 반응을 보일 때에는 아이의 희망에 따라 알맞은 영어 학원에 보내시는 것이 나을 수 있습니다. 엄마표 영어라 하더라도 여러 가지 상황에 맞추어 융통성 있게 진행되어야 합니다.

몇 학년 때까지 엄마표 영어를 할 수 있을지는
엄마의 영어 역량과 아이의 호응 정도, 사춘기 등의
다양한 상황과 여건에 따라 달라지게 되므로,
끝까지 해야 한다는 강박관념은 내려놓으시는 것이 좋겠습니다.

엄마표 영어를 오래 하시던 분들도 보통 아이가 중학생이 되거나 사춘기가 되면 엄마표 영어를 그만두는 경우가 많더군요. 중고등학교에서는 영어 리딩보다 내신 관리가 시급하므로, 내신을 준비해 주거나 수능 등의 시험 영어에 특화된 영어 학원을 많이 보내게 되는 것이 현실이지요. 결국 자녀가 중고등학생이 되면 모든 관심이 내신 관리나 수능 준비로 집중되는 것이 일반적인 흐름인 듯합니다.

아이 유치원 때, 혹은 초등 저학년부터 시작했던 엄마표 영어는 입시 영어라는 큰 물결을 만나서 중단되는 것이 현실이지만, 우리 아이의 영어 공부가 적어도 중고등학교에서도 통하는 영어로 발전되도록 연결해 주어야 합니다. 영어 유치원이나 영어 학원, 혹은 엄마표 영어로 시작한 우리 아이의 영어 학습이 초등학교 때까지는 잘 통했는데 중학교나 고등학교 같은 상급 학교에서 내신과 연결되지 않는다면, 아이들은 낙심하게 되고 자신감을 잃게 될 것입니다. 중고등학교에서도 통하도록 영어 실력을 제대로 길러서 아이가 상급 학교로 올라가게 하는 것이 중요합니다. 좋은 학원만 선택해서 보내면, 또는 좋은 교재나 프로그램만 제공해 주면 우리 아이의 영어 실력이 저절로 생기는 것이 아닙니다. 가정에서 복습을 도와주고, 아이의 읽기 레벨에 맞는 영어 원서를 꾸준히 읽도록 관리해 주셔야 합니다.

이것만은 꼭!

영어 원서 읽기 지도는 아이의 영어 실력 향상에 탁월한 효과가 있습니다. 그러나 자녀의 영어 독서 지도를 엄마가 꼭 직접 해야 하는 것은 아닙니다. 엄마의 여러 가지 상황과 역량에 따라 독서 지도를 직접 하실 수도 있지만, 전문학원이나 독서 지도 센터, 온라인 독서 프로그램 등의 도움을 받아서 진행해도 무방합니다. 가장 중요한 점은 아이가 영어 독서를 꾸준히 할 수 있도록 여건을 마련해 주어야 한다는 것입니다. 아이에게 너무 과중한 과제나 어려운 레벨의 책을 주지 말고 아이가 즐길 수 있고 이해 가능한, 그러면서 도전적인 성장도 할 수 있는 책을 아이 리딩 레벨에 맞춰 제공해 주세요. 영어 독서에 관심을 가지고 지속적으로 관리함으로써 아이가 중학교와 고등학교에서도 통하는 영어 실력을 기르도록 돕는 것이 중요합니다.

2장

초등학교에서 영어를 어떻게 가르치고 배우는가?

과도한 선행은 하지 마세요

예전에 5학년 학생들 담임을 하던 때에, 학령기에 맞지 않는 무모한 선행 학습으로 인해 무너지는 아이를 본 적이 있었습니다. 그 아이는 활발하고 책임감이 넘치는 학급의 반장이자, 학원은 딱 수학과 영어 학원만 다니는 평범한 아이였어요. 영어 수업을 특별히 신나 하거나 좋아하지는 않았었지만, 대답이나 숙제는 곧잘 해 왔습니다. 영어 점수는 보통 90점에서 100점을 받았었지요. 어느 날 그 학생이 저에게 "선생님! 제가 재밌는 이야기 해 드릴까요?"라고 물었습니다. 무슨 일이냐고 되물으니, 그 아이는 아주 신기하고 안타까운 이야기를 제게 해 주었습니다.

"선생님! 저 어제 영어 학원을 마치고 집에 가는 길에 머릿속이 많이 이상했어요."

"머릿속이? 어떻게?"

"알파벳 있잖아요…. 그게 막 엉망진창이 됐어요."

“응? 진짜?” 

 “네! 알파벳들이 머릿속에서 막 뒤엉키면서 둥둥 떠다녔어요.”

“정말? 갑자기? ○○이 많이 놀랐겠는데.” 

 “어제 학원에서 진도를 완전 많이 나갔거든요. 근데 어렵기도 하고 하기 싫기도 하고…. 그러면서 내가 왜 지금 영어를 공부해야 하나 하는 생각이 자꾸 드는 거예요.”

“응. 그랬구나. 그랬더니?” 

 “자꾸 ‘지금 이거 왜 하지?’라는 생각이랑 알파벳들이 머릿속에서 막 흩어지고 섞이면서 ‘이게 뭐더라?’라는 생각이 들었어요. 그래서 어제 배운 단어들도 다 뭐가 뭔지 모르겠어요. 저 영어 다 까먹은 거 같아요.”

“응. 그랬구나. 그랬더니?” 

이 이야기를 하고 얼마 지나지 않아 그 아이는 영어 단원 평가에서 60점을 맞았습니다. 6학년이 된 이후에도 영어 성적은 60점과 70점 사이에서 맴돌았고, 원래의 점수를 회복하지 못한 상태로 결국 졸업을 했지요. 낮아진 점수에 크게 실망하는 학부모님과 다르게, 아이는 덤덤하고 개의치 않는 모습을 보였습니다. 마치 자신의 점수를 예상한 듯 아무렇지 않은 얼굴이었어요. 저는 그때 아이가 했던 말들이 한참이나 마음에 걸렸습니다. 아이에게는 단순한 해프닝 같았겠지만, 사실 아이가 경험했던 것은 바로 '인지적 과부하 현상'이었기 때문입니다.

인간은 기억이나 이해에 있어서 서로 다른 용량을 가집니다. '인지적 과부하(cognitive overload, 이중 부호화)'는 이러한 개인의 수용 범위를 무시한 채 많은 양의 정보나 과제가 주어졌을 때, 이를 받아들이지 못하고 혼란을 겪는 상황을 말합니다. 아이들의 인지 수준에서 처리할 수 있는 양을 초과하는 상황뿐 아니라, 완전히 새로운 정보들이 한번에 제시될 때 느끼는 불안이나 스트레스도 인지적 과부하에 포함됩니다.

선행 학습이란 현재의 수준에 한참 앞선 단계의 학습을 말합니다. 따라서 학생들이 선행 학습을 까다롭고 어렵게 느끼는 것은 당연한 것이지요. 이를 잘 극복하는 경우도 있지만, 그렇지 않은 경우도 분명 존재합니다. 앞서 언급했던 아이가 경험한 것도 그런 것이었어요. 시간이 지나 신체적 발달과 함께 인지적 발달이 충분히 일어난다면, 아이는 현재의 혼란을 이겨낼 수 있게 될 것입니다. 그러나 그 시기는 확답할 수 없어요.

그렇기에 아이가 인지적 과부하에
빠지지 않도록 하는 것이 중요합니다.

특히, 언어 교육에 있어서는 흥미나 동기를 잃지 않는 것 역시 중요한 부분입니다. 그래서 학교에서는 여러 가지 교구나 시청각 자료를 활용한 수업, 직접적인 체험이나 경험을 통한 배움, 학생 발달 수준에 근접한 단순하고 세분화된 교육과정을 추구하고 있습니다.

이것만은 꼭!

학습의 성취도는 개개인마다 다를 수밖에 없습니다. 학원 등을 통해서 미리 배워 오는데도 학교 수업을 따라오지 못하는 학생들도 있지요. 이들의 공통점은 수업을 잘 듣지 않고 학습 활동에 관심이 없다는 것입니다. 반복된 인지적 과부화로 인한 학습된 좌절감과 학습 동기 상실로 무의미한 시간을 보내지 않도록 하기 위해서는, 우리 아이들이 인지적 과부하에 빠지지 않도록 하는 것이 우선되어야 합니다.

영어, 재미를 느끼게 해 주세요

초등학교 3학년부터 국가 교육과정에 근거한 영어 교육이 시작됩니다. 최근에는 영어 유치원이나 여러 학원을 통해 초등학교 이전부터 영어를 접하는 경우도 있지만, 또 그렇지 않은 경우도 많지요. 영어 교육의 근본적인 목적은 어느새 훌쩍 곁으로 다가온 글로벌 시대와 지식 정보화 시대에 부응하고, 더 나아가 국제 사회에서 선도적인 역할을 수행하기 위한 능력을 갖춘 인재를 길러 주는 것입니다. 그 때문인지 많은 분들이 원어민 같은 유창함과 정확함을 아이에게 기대하고 있습니다.

> 하지만 초등학교에서만큼은,
> 아이들이 영어에 대한 흥미와 관심을 갖고
> 이를 바탕으로 자기 주도적인 영어 학습을 지속할 수 있도록
> 이끄는 교육이 되어야 합니다.

문장 구성이나 구문, 어휘와 같은 형식에 초점을 맞추는 것보다, 영어에 대한 불안감이나 두려움을 없애는 것이 앞서야 한다는 것이지요.

이를 위해 학교에서는 다양한 영어 활동들을 적용하고 있는데, 그중에서도 가장 대표적인 것이 챈트(chant)와 노래입니다. 아이들은 반복되는 리듬 안에서 재미있게 영어 구문을 학습하며 강세, 리듬, 억양과 같은 영어의 음운적·운율적인 특성을 발견하게 되지요.

얼마 전 한 예능 프로그램에서 초등학교에서 배운 영어 챈트를 기억하고 부르는 모습이 화제가 되었습니다. 이처럼 챈트와 노래를 흥얼거리는 과정을 통해 배운 영어 구문이 자연스럽게 장기 기억으로 전환될 수도 있습니다.

초등학교 영어 수업 시간에서는
아이들이 영어를 좀 더 재미있게 배울 수 있도록
다양한 게임도 활용합니다.

영어 단어 놀이 활동으로 행맨 게임(Hang Man Game)을 할 때도 있고, 워드 빙고 게임(Word Bingo Game)을 하기도 합니다. 또 스무고개 등의 영어 퀴즈를 내기도 하지요. 그 외에도 다양한 게임과 놀이로 영어 수업에 재미의 요소를 포함시켜 학생들이 흥미를 갖고 수업에 열심히 참여하도록 지도하고 있습니다.

스토리텔링(Story-telling)은 아이가 읽은 내용이나 알고 있는 내용을 아이 자신의 언어로 이야기하듯 말하는 활동입니다. 이 스토리텔링은 영어 말하기 연습으로 아주 효과적인 활동이에요. 아이가 아직 영어 문장을 만들어서 말하기 힘든 초기 단계인 경우에는, 짧은 이야기를 암기해서 말하게 하는 방법도 있습니다. 그러다 영어 문장을 만들어서 사용할 수 있는 단계가 되면, 아이는 이야기를 암기하지 않고 자신의 언어로 스토리를 말할 수 있게 됩니다.

역할놀이(Role Play)는 아이들이 의사소통 능력을 기를 수 있도록 상황과 역할을 주고, 실제로 말을 주고받을 수 있는 연습을 하게 하는 활동입니다. 처음부터 A파트의 역할을 한 학생에게, B파트의 역할을 또 다른 학생에게 지정해 주고 역할놀이를 시키면 아이들이 당황해 할 수 있어요. 그래서 먼저 해당 대화를 충분히 연습시키고, 그룹별로 A파트와 B파트를 맡게 해서 연습을 시킨 후, 다시 짝궁끼리 역할을 나눠서 연습하게 합니다. 그리고 나서 개별 학생에게 각 역할을 맡게 하면, 아이들은 부담감이나 두려움을 덜 가지고 자기가 맡은 역할의 대사를 하게 되지요. 역할놀이를 하면서 길 묻고 답하기, 사과하기, 물건 사기 등 다양한 상황 속에서의 역할을 맡고 대사를 주고받게 됩니다. 그러면서 아이들은 의사소통 도구로서의 영어를 접하게 되고, 맥락이 있는 상황에서 듣기와 말하기 연습을 할 수 있습니다.

이처럼 실생활과 관련된 주제나
직접 체험할 수 있는 다양한 활동들을 통해
아이들은 영어의 재미와
발견의 즐거움을 경험할 수 있습니다.

아이들이 영어에 대한 부담과 두려움이 아니라 친숙함을 가지게 된다면, 스스로의 의지로 직접 영어를 탐구하는 모습도 발견할 수 있을 거예요. 아이들은 '이건 뭐라고 할까?', '이건 무슨 의미지?' 하며 궁금해 하고 알고 싶어 하게 될 것입니다.

영어를 배울 때 아이들에게서 나타나는 실수와 오류는 같은 것 같지만 실제로 조금 다릅니다. 오류란 아이의 고유한 언어 특성을 반영하는 것으로, 스스로 무엇인가 잘못되었다는 것을 전혀 인지하지 못합니다. 반면, 실수란 이미 알고 있는 것을 무심코 입 밖에 내뱉는 것을 말하며, 아이들이 '아차!' 하며 잘못을 직접 인지할 수 있지요. 무엇이 틀렸고 무엇이 잘못되었는지 하나씩 꼼꼼하게 수정해 주는 방법이 있고, 반면에 의미 전달만 된다면 선별적으로 무시하는 방법도 있습니다. 언어 사용에서 의도나 의미 전달에 큰 영향을 주지 않는 범위라면 사소한 실수 정도는 일일이 지적하지 말고 넘어가 주면서, 대화나 의사소통 자체에 집중하는 것도 좋은 방법이라고 생각합니다.

또 아이들이 미래 국제 사회의 구성원으로 성장해 나갈 수 있게 하기 위하여 다양한 세계 문화에 대한 기초적인 이해와 포용의 태도를 기르도록 해야 합니다. 그리고 단순한 암기와 형식적인 영어 사용이 아닌, 사실적이고 맥락적인 영어 의사소통 능력도 길러야 합니다. 그래야 세계인과 소통하고, 그들의 문화를 알고, 우리 문화를 세계로 확장시켜 나가는 아이로 성장시킬 수 있습니다.

이것만은 꼭!

공부하는 것이 재미있다면 얼마나 좋을까요? 공부가 재미있다고 하는 사람이 잘 없을 것 같지만, 의외로 수업 장면에서 "이번 시간 재미있었어요!"라고 하거나 "공부가 재미있어요."라고 하는 아이들의 이야기를 들을 때가 많습니다. 학년이 올라갈수록 줄어들기는 하지만, 학생 참여 중심의 수업 장면에서는 아이들이 재미를 느끼는 모습을 많이 볼 수 있습니다. 지적인 깨달음보다는 학습 활동에 내가 직접 참여하거나, 내 생활과 관련된 주제들을 가지고 다양한 활동에 참여할 때 재미를 느끼지요. 아이들이 수업 시간에 경험한 활동들을 집에서도 가족과 함께해 보세요!

모든 언어가 그렇듯 영어도 자신감이 가장 중요합니다. 학교나 학원을 통해 많은 것을 배우고 습득한다고 해도, 실제적인 발화나 활용의 원천은 바로 자신감이기 때문이지요. 그래서 외국어를 익힐 때 가장 효과적이고 직접적인 방법은 일단 말해 보는 것입니다.

무언가를 마음속으로만 되뇌는 것은, 스스로가 알고 있다고 착각하게 만든다고 합니다. 그래서 정작 필요할 때는 그 지식을 꺼낼 수 없다고 해요. 저는 교실에서 만나는 모든 아이들에게 틀려도 괜찮다고 말해 줍니다. 정말 틀려도 괜찮기 때문이에요. 틀리는 것은 내가 모르는 것을 직시하고 알아가는 과정임을 아이들에게 꼭 알려 주지요. 그리고 학교에서는 다양하게 대답할 수 있는 질문과 함께 줄줄이 발표 또는 고리 발표를 하도록 하여, 학생들이 틀리는 것에 대한 부담을 별로 느끼지 않으면서 말할 수 있는 기회를 가집니다.

제가 만난 아이들 중에서 영어 시험을 치면 성적이 우수하지만 말하기에는 자신 없어 하는 학생과, 잘되지 않더라도 일단 어떻게든 말로 표현하려는 학생이 있었습니다. 원어민 선생님과 함께하는 영어 시간이 되면 두 아이의 태도는 확연히 달랐지요. 1년이 다 지나갈 즈음, 두 아이는 어휘력과 문장 구사력에서 차이를 보였습니다. 영어 시험 점수는 우수했지만 말하기에 소극적이었던 학생보다, 정확하지 않더라도 영어를 말로 표현해 보려고 적극적으로 시도했던 학생이 영어 어휘력과 문장 구사력에서 더 큰 발전을 보였어요.

또 어느 해에는 영어권에서 살다가 왔다는 이주 배경을 가진 모세라는 친구가 전학을 왔습니다. 한국어가 서툴렀기에 초반에는 주로 영어로 의사소통을 하였지요. 이때에도 틀리는 것에 부담을 갖지 않고 아무렇게라도 말을 하려는 친구들이 있었고, 자신이 정확하게 알고 난 상태에서 말을 거는 친구들이 있었습니다. 학년 말이 되었을 때 모세 곁에 수시로 다가가서 부담 없이 대화를 한 친구들은 제법 자연스럽게 대화를 구사할 수 있게 되었고, 모세 또한 학교생활 중 웬만한 것들은 한국어로 의사소통을 할 수 있게 되었습니다.

입 밖으로 내뱉기 어려워하는 아이일수록
영어 환경에 자연스럽게
노출시켜 주세요.

우리 아이가 부끄러움보다 배우고자 하는 마음이 커서 틀릴지언정 자신이 하고 싶은 말을 마음껏 표현하면 좋겠지만, 그렇지 않은 경우도 많을 것입니다. 완벽을 추구하는 아이일수록 입은 더 무겁습니다. 틀리는 것이 부끄럽고 두려워 입 밖으로 꺼내는 것을 오랫동안 망설이게 되지요. 그런 아이에게는 문장의 정확한 표현을 강조하거나 반복적인 연습을 시키기보다는, 일단 영어 환경에 충분히 노출시켜 주는 것이 좋습니다. 예를 들어, 팝송이나 영화, 드라마, 연설 등을 접하게 한다거나, 특정한 주제나 상황 등 자연스러운 환경 속에서 영어의 쓰임을 유추할 수 있도록 하는 것이 효과적이지요. 이해를 통해 자신감이 생겼다면, 원어민 선생님과의 대화 기회를 마련해 주는 것도 좋습니다. 하지만 그렇다고 해서 말하기만을 너무 강요할 필요는 없습니다. 아이 스스로가 분명하게 안다고 생각될 때 자연스럽게 표현하게 될 테니까요. 그러므로 읽기, 듣기와 같은 이해 기능을 충분히 공부할 수 있도록 기다려 주어야 합니다.

이것만은 꼭!

무언가를 마음속으로만 되뇌는 것은 스스로 알고 있다고 착각하게 만든다고 합니다. 그래서 정작 필요할 때는 그 지식을 꺼낼 수 없다고 해요. 저는 교실에서 만나는 모든 아이들에게 틀려도 괜찮다고 말해 줍니다. 정말 틀려도 괜찮기 때문이에요. 틀리는 것은 창피한 일이 아니라 뭔가를 배우면서 흔히 일어나는 자연스러운 일이며, 오히려 몰랐던 것을 알 수 있는 기회가 될 수 있음을 아이들에게 알려 주세요.

"코로나로 인해 원격수업과 반일 등교수업을 하고 있으니, 아이의 영어 실력이 늘지 않는 것 같아 걱정입니다. 그렇다고 학원에 보내는 것도 걱정되고…."

"원격수업을 하면 아이들이 제대로 듣고 있는지 잘 모르겠어요. 그렇다고 등교수업을 한다 해도 마스크를 끼고 수업을 해야 하니, 서로 말소리가 잘 들리지 않고 분명하게 들리지도 않겠지요. 영어 수업 시간은 서로에게 힘든 시간이 되는 것 같아요."

코로나로 인해 발생한 초유의 원격수업 상황에서 우리 아이의 영어 교육을 어떻게 해야 하나 염려가 많습니다. 가정은 가정대로, 학교는 학교대로 영어 수업 시간에 수업하기가 정말 힘들다고 합니다.

이러한 상황에서 무료로 배울 수 있는 영어 교육이 있다면 정말 좋을 거예요. EBS나 유튜브를 통해 좋은 영어 강의를 듣는 것도 하나의 방법이겠지만, 학생들이 재미있어 하면서 상호작용이 가능한 교육 방법에 대해 소개해 드리고자 합니다.

영어 교과 수업에도 사용할 수 있고, 수업과 관계없이 개별적으로도 활용할 수 있는 스마트한 영어 공부 방법이 있습니다. 이렇게 학생들이 좋아하고 교사들도 사용하기 좋은 프로그램들에는 공통점이 있어요. 학생에게는 자신의 수준에 맞는 개별화된 학습이 제공되고, 즐겁게 공부에 참여할 수 있도록 돕는 게이미피케이션 시스템을 갖추고 있으며, 교사 및 학부모에게는 학생의 학습 이력 및 학습 관리가 가능한 LMS 기능을 제공하고 있다는 것입니다. 이러한 기능은 교육과 에듀테크가 만나 멋진 콜라보를 이루어내면서 나온 결과들입니다.

이러한 에듀테크와 결합된 좋은 프로그램이 많이 있는데, 그중에 학교에서도 활용하고 있는 앱을 몇 가지 소개해 드리려고 합니다.

● 듀오링고

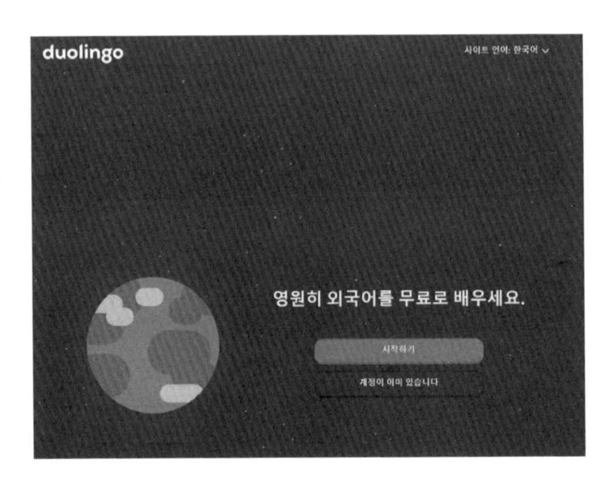

듀오링고(Duolingo)는 언어학습 웹사이트/앱과 언어능력평가 시험(Duoling English Test, DET)을 제공하는 플랫폼입니다. 기본적으로 무료 가격 정책을 채택하고 있어서 누구나 앱을 설치하면 바로 영어 공부를 시작할 수 있지요. 듀오링고는 전 세계 수억 명의 사람들이 서로 다른 언어를 무료로 번역하도록 하는 방법에 대해 고민하면서 시작되었고, 이를 구체화 시키는 가운데 지금의 플랫폼으로 자리 잡게 되었습니다.

듀오링고는 크게 홈, 활동, 토론 세 가지의 탭으로 구성되어 있습니다. 홈은 실제로 공부를 진행할 수 있는 화면으로, 자신의 진도에 맞는 커리큘럼을 이미지상으로 확인할 수 있고, 새로 나갈 진도를 시작하거나 과거의 공부 내용을 복습할 수 있습니다. 활동 탭에서는 나와 내 친구들의 서비스 이용 현황을 타임라인 형식으로 확인할 수 있으며, 토론 탭에서는 보다 많은 사람들과 외국어 공부에 대해서 이야기할 수 있습니다. 토론 탭에서는 어떤 모국어를 쓰는지에 상관없이 듀오링고를 사용하는 전 세계 모든 사람들이 이야기 나눌 수 있습니다.

듀오링고를 처음 사용할 때에는 자신의 모국어와 자신이 배우고 싶은 언어를 선택합니다. 사용자는 기초 단계부터 시작할 수도 있고, 원한다면 레벨 테스트를 통해 자신에게 맞는 레벨부터 시작할 수 있습니다. 기본적으로 사용자에게 강의를 제공하거나 무작정 콘텐츠를 제공하는 것이 아니라, 일정 개수의 문제를 풀 때마다 한 챕터가 마무리되어 경험치(xp)가 오르는 방식입니다.

경험치가 일정 수준 쌓이면 레벨이 올라가고, 매일매일 공부한 내역을 그래프로 확인할 수 있도록 하여 꾸준한 학습을 유도합니다. 단순히 문제를 푸는 것만이 아니라, 문법상 가르침이 필요한 경우에는 사용자가 토론장을 형성할 수 있습니다. 그러면 그에 동의하는 사람들이 함께 토론하고 공부할 수 있지요. 문제를 풀다가 어려운 점이 있다고 판단되면 토론 버튼을 눌러서 글을 남길 수 있습니다.

학교용 듀오링고를 이용하면 학생들과 클래스를 구성하여 학습을 진행할 수 있습니다. 또 듀오링고 영어시험(DET)은 해외 대학에 갈 때 필요한 토플이나 아이엘츠처럼 입학 시 필요한 시험을 대신할 수 있습니다. DET의 장점은 비용과 편리함입니다. 시험장에 가거나 사전 예약을 하지 않아도 언제든 온라인으로 시험을 볼 수 있고, 결과도 이틀 안에 나오지요. 비용도 49달러로 기존의 시험에 비해 매우 저렴하며, 추가 비용 없이 DET를 인정하는 전 세계의 대학에 제출할 수 있다는 장점이 있습니다. 홈페이지를 통해서 DET를 인정하는 학교를 확인할 수 있으며, 이를 인정하는 학교가 점점 늘어나고 있습니다.

● 클래스카드

CLASS CARD

클래스카드는 초·중·고 모든 영어 교과서의 단어장을 제공하는 스마트한 단어장으로 시작하여, 지금은 리스닝, 문제 풀이, 스피킹, 공인 영어 시험, 한자 학습까지 할 수 있는 콘텐츠가 제공되고 있습니다.

학생들은 자신이 배우는 교과서를 선택하여 영어 공부를 할 수 있는데, 내가 아는 단어와 모르는 단어를 터치를 통해 바로바로 체크할 수 있어요. 또 암기 학습, 리콜 학습, 스펠 학습을 통해 단어를 쉽게 외울 수 있으며, 자동채점 및 누적오답 복습까지 가능하여 단어 암기에 최적화된 어플입니다.

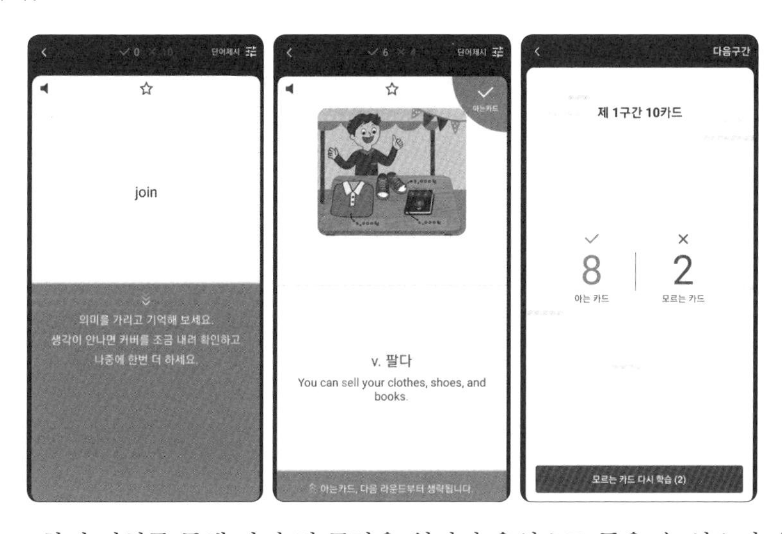

화면 터치를 통해 단어 및 문장을 원어민 음성으로 들을 수 있으며, 녹음을 통해 자신의 스피킹 학습을 확인할 수도 있습니다. 매칭 게임과 크래시 게임을 통해 전 구간 복습을 할 수 있는데, 동일한 과정에 참여한 학생들 중에 자신의 위치가 어느 정도인지도 확인할 수 있습니다. 실시간으로 제공되는 리포트를 통해 자신의 학습 및 테스트 내역을 확인할 수 있고, 만점을 받으면 선생님이나 학부모에게 알림을 보내는 기능을 제공하고 있습니다.

교사나 학부모는 제공되고 있는 카드 외에도 다른 사람이 만든 카드 세트를 가지고 오거나, 자신이 직접 카드를 제작할 수도 있습니다. 간단한 이미지와 원하는 자료만 입력하면 카드로 할 수 있는 어떠한 형태의 학습도 가능하기 때문에, 영어뿐만 아니라 이주 배경 학생들의 한국어 학습에도 사용되고 있습니다. 학생들의 학습 및 테스트 내역을 바로 받아 볼 수 있고 학습 관리도 가능하기 때문에, 카드나 게임 기능을 이용하여 수업 활동이나 수행평가 등에도 활용할 수 있습니다.

> 퀴즈 배틀을 통해 개인이나 모둠,
> 또는 학급 대 학급으로
> 퀴즈 대결을 펼칠 수도 있습니다.

제공하고 있는 영어 단어카드 세트는 별도로 편집하지 않아도 그대로 이용 가능하며, 한글인 경우에는 4~5가지 보기를 넣어서 만들 수도 있습니다. 음악과 함께 1~3분의 시간 동안 실시간으로 진행되는데, 학생들의 화면에는 문제가 제시되고, 교사의 화면에는 실시간으로 참여자들의 순위가 표시됩니다. 개인전도 있지만 실제 수업에서 모둠이나 학급 대항으로 하면, 반 친구들이 모두 하나가 되어 즐겁게 참여하는 모습을 볼 수 있지요. 그리고 점수를 더 올리기 위해 모두가 함께 노력하는 분위기가 되어 한 번에 끝내기는 아쉬워 꼭 두세 번 더 기회를 달라고 하는데, 그러면서 아이들의 학습 성취도도 향상되는 모습을 볼 수 있었습니다.

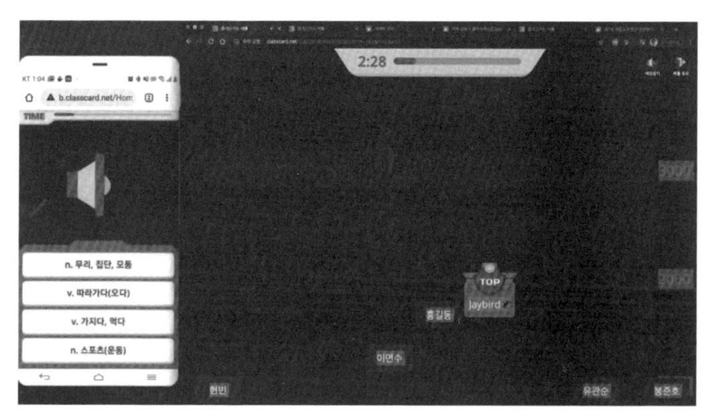

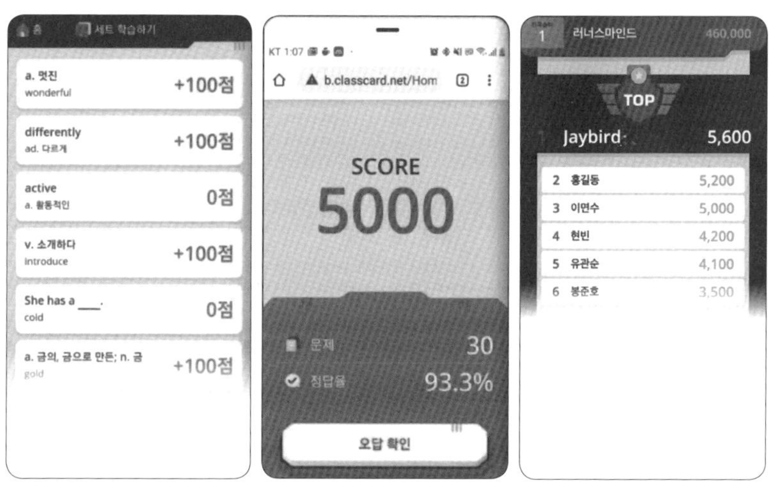

전국에서 개인 및 학급의 순위도 확인할 수 있고, 결과도 바로 리포트 형식으로 교사에게 전송됩니다. 퀴즈 배틀은 학기마다 학급 이벤트로 열고 있는데, 다 함께 열심히 노력하여 피자 파티를 했던 적도 있습니다. 몇 해 전 EBS 프로그램에 강연을 하러 간 적이 있었는데, 그 당시 강연에 참여한 청중들과 멀리 있는 우리 반 학생들이 실시간으로 퀴즈 배틀을 진행해 보았습니다. 서로 다른 공간에서 실시간으로 연결되어 학습의 즐거움을 체험하게 해 준, 오래도록 기억에 남을 경험이었습니다.

4부

초등학생의 수학 이야기

1장

수학 교육에 대한 고민

옆집 아이도 하는 사고력 수학, 우리 아이도 해야 할까요?

2월 어느 날, 아이의 초등학교 입학을 앞두고 있던 한 엄마가 저에게 사고력 수학 학원을 어디로 보내면 좋을지를 물어보았습니다. 초등학교 입학 전에 아이에게 코딩도 가르쳐야 되고, 사고력 수학도 가르쳐야 된다는 것이었어요. 아이 교육에 열의를 보이는 젊은 엄마를 보니 제 아이를 초등학교에 보낼 때가 생각이 났고, 이 엄마 못지않게 교육에 열성적이었던 저의 젊은 시절도 떠올랐습니다.

우리 아이가 초등학교 들어갈 때에도 교육열 높은 엄마들 사이에서 사고력 수학에 대한 관심이 있었는데, 요즘 초등학생 엄마들은 우리 시절보다 한 템포 더 빠른 것 같아요. 거기에다 이제 초등학교 들어가는 아이에게, 우리 아이가 대학교 1학년 교양 수업에서 배웠던 컴퓨터 코딩 교육을 시키려는 야무진 계획까지 세우고 있다니 참으로 놀라웠습니다. 세상은 이렇게 빨리 바뀌고 있고, 엄마들의 정보력은 이렇게 진화하고 있구나 하는 것을 새삼 느꼈지요.

그렇다면 이렇게 한 템포 빨라진 세상에서 우리 아이들은 어떨까요?

요즘 엄마들의 정보력이 앞서간다고 해서 아이들도 같이 앞서갈 수 있을까요? 십여 년 전이나 지금이나 초등학교 입학을 앞둔 아이들은 7세 아동이라는 본질은 조금도 바뀌지 않았을 것입니다. 노는 것을 좋아하고 간식을 즐기는 아이, 친구와 어울리면서 신나게 놀기도 하고 가끔 다투기도 하면서 우정을 쌓아 가는 아이, 동화책을 읽으면서 상상하고 애니메이션 영화에 푹 빠져서 보는 아이, 인형에게 말을 걸고 자동차 장난감을 가지고 혼잣말을 하면서 노는 아이….

물론 교육 환경은 너무나 중요합니다. 한발 앞서서 뭔가 의미 있는 것을 접하게 하는 것은 우리 아이에게 좋은 교육 기회를 제공해 줄 것입니다.

그런데 이 '남보다 빨리'라는
슬로건 뒤에 과연 진정한 교육이
존재하는지 묻고 싶어요.

교육의 정의는 여러 가지일 수 있겠지만, 제가 생각하는 진정한 교육이란 '아동이 잠재력을 최대한 성장시키도록 도와주는 것'입니다. 초등학교에 입학할 무렵의 어린아이들을 사고력 수학 학원에 보내는 일에는 우리 아이들의 잠재력을 계발시켜 주려는 교육적 의도가 담겨 있을 것입니다. 그렇지만 혹시 그 이면에 '옆집 아이도 하고 있으니 우리 아이도 해야 한다.'는 엄마들의 조바심과 경쟁심이 더욱 깊숙이 자리하고 있는 것은 아닐까요?

우리 아이도 초등학교 2학년 때 사고력 수학 학원에 다닌 적이 있습니다. 주변에서 사고력 수학을 전문적으로 가르치는 것으로 이름이 나 있는 학원에 보냈지요. 이 학원에서는 수학 교과서에서 다루는 내용을 좀 더 심화해서 가르치면서, 창의적 적용이나 문제 해결 방법을 집중해서 가르치는 듯했습니다.

그런데 이 학원을 다니면서 배우는 내용이 점점 어려워지자 아이가 능력의 한계를 느끼기 시작했어요. 처음에는 수학을 좀 더 전문적으로 배우게 하려는 목적으로 사고력 수학 학원에 보낸 것인데, 시간이 지날수록 이 학원의 커리큘럼이 과학고나 영재고를 가고자 하는 아이들에게 맞춰져 있다는 생각이 들었습니다. 우리 아이는 조금 영리한 정도였을 뿐 영재급 아이는 아니어서 그런지 사고력 수학을 힘겨워했어요. 그래서 결국 4학년 때, 아이가 동네에서 친구들이랑 편하게 다닐 수 있는 수학 학원으로 옮기게 되었습니다.

아동의 학습력을 흔히 스펀지에 비유하는 경우가 있지요. 아이들은 스펀지처럼 무엇을 가르치든지 잘 흡수한다는 주장을 펼치면서 조기 교육의 명분을 찾으려고 하는 시도도 있습니다. 그러나 무엇이든 쭉쭉 빨아들이는 스펀지에도 한계는 분명히 있습니다. 수용할 수 있는 정도를 초과하게 되면 더 이상 흡수하지 못하고, 머금었던 것을 오히려 뱉어 내게 되는 것이지요.

초등학생 자녀를 어린 시절부터
과잉 학습으로 몰아가는 것은
그 효과보다 부작용이 더 클 수 있습니다.

과도한 학습으로 몰아가는 것은 아이의 잠재력을 성장시키기는커녕, 인지적 과부하에 걸리게 해서 배움에 싫증을 내고 학습 무기력증에 빠지게 할 우려가 있으니 유의해야 합니다. 어려운 사고력 수학을 해낼 수 있는 극소수의 우수한 아이가 주변에 있다고 해서, 우리 아이도 그 기준에 맞춰 그 학원에 다녀야 하는 것은 아닙니다. 시도와 도전은 해 볼 수 있으나, 아이가 힘들어하면 언제든지 쉬게 하고 멈춰 주는 지혜가 필요합니다.

이것만은 꼭!

우리 아이를 사고력 수학 학원에 보내야 할지를 고민하고 계신다면, 좀 더 신중하셔야 합니다. 이웃 아이와의 비교나 경쟁심 때문에 우리 아이도 보내야 한다는 논리에 휘둘리지 마세요. 우리 아이에게 정말 필요한 공부인지, 우리 아이가 원하는지, 그리고 우리 아이가 해낼 수 있을지를 꼭 고려하셔야 합니다. 아무리 좋아 보이는 교육이어도 우리 아이가 진정으로 원하고, 또 무리 없이 그 과정을 해낼 수 있어야 효과적인 교육이 될 수 있기 때문입니다.

수학 진도 빼기의 불편한 진실
(수학 진도 빼기가 정말 효과가 있을까요?)

초등학생 자녀를 두신 어머니들, 혹시 자녀가 고학년이라면 수학 학원 등에서 수학 진도를 현 단계보다 조금 앞서서 나가고 있지 않나요? 우리 아이가 5학년이었을 때, 동네의 평범한 수학 학원에서도 조금씩 수학 진도를 앞서서 나가기 시작했어요. 그리고 아이가 서울 목동으로 전학 왔던 5학년 2학기부터 수학 선행 진도가 좀 더 빨라지더니, 중학교에 들어가면서 현재 학년보다 1년 정도 앞서서 수학 진도를 나가게 되었습니다. 결국 중2 때는 중3 2학기 과정과 고1 수학 과정을 배웠고, 중3 때는 고2 과정까지 진도가 나갔습니다.

그러면 이러한 수학 진도 미리 빼기가 과연 효과가 있었을까요? 안타깝게도 우리 아이에게는 큰 효과가 없었습니다. 그런데 우리 아이만 그랬던 것이 아니었어요. 수학 진도 빼기에 동참했던 우리 아이의 친구들 중 대부분은 중학교 때 했었던 수학 진도 미리 빼기가 고등학교에 가서 별로 효과가 없었다고 해요. 지금 학원에서 아이들이 힘들게 배우고 있는 수학 진도 빼기가 나중에 결정적인 순간에 별로 효과가 없다는 말이 믿어지세요?

물론 수학 진도 빼기로 중3 때 고등학교 3년 과정의 수학 진도를 모두 공부하고, 영재고나 과학고에 합격한 아이들의 사례도 분명히 있습니다. 그런데 이렇게 수학 3년 선행 공부를 해내는 특별한 능력을 가진 극소수의 아이들이 있다고 해서, 우리 아이도 같은 학습 과정을 해낼 수 있는 것은 아니었어요. 영재고나 과학고에 많은 학생을 합격시킨 전문 학원에 우리 아이를 보낸다고 해서, 우리 아이도 반드시 그렇게 되리라는 보장은 없는 것입니다.

수학 학원에서 우리 아이가 몇 년 앞선 진도에 나오는 어려운 수학 개념을 완전히 이해하지 못한 채 그냥 진도만 나간 경우라면, 선행 학습의 효과는 기대할 수 없다는 것이 현실입니다. 이제 5학년인 아이가 6학년 수학 과정이나 중1 수학에 나오는 어려운 개념을 이해하기는 쉽지 않습니다. 이렇게 무리하게 수학 선행을 계속 진행하여 중3이었던 아이가 고2 수학 과정을 배우면서 미적분의 개념을 이해하기란 참으로 힘든 일이었지요. 수학은 미리 들어본 적이 있다고 잘 풀 수 있는 과목이 아니라, 각각의 개념을 완벽하게 이해해야만 관련된 문제들을 풀 수 있는 과목입니다.

따라서 개념을 이해하지 못한 채 진행되는
모든 수학 선행 학습은 모래성을 쌓는 것처럼
허무하고 효과가 없는 일이더군요.

수학 선행 학습이 효과적이었다고 말하는 소수의 우수생들은, 자기 학년보다 몇 년 앞선 그 개념을 이해할 수 있었기 때문에 관련 문제들을 풀 수 있었던 것입니다. 즉, 수학 선행이 효과적이었던 아이들은 몇 년 앞서 선행했던 그 당시에도 어려운 개념을 이해할 만한 역량을 갖춘 아이였다는 결론에 이르게 됩니다. 그래서 그러한 아이들을 영재라고 부르는 것이지요.

안타깝게도 대부분의 일반 학생들은 좀 우수하든, 덜 우수하든 몇 년 앞서서 공부할 때 그렇게 어려운 수학 개념을 잘 이해하지 못합니다. 은연중에 아이들도, 엄마들도 '어차피 미리 배우는 공부니까 지금은 완벽하게 다 이해하지 않아도 된다'는 생각을 가지고 진도만 나가고 있는 것은 아닐까요? 미리 배워 두면 나중에 고등학교에 가서 어떤 형태로든 조금이라도 도움이 될 것이라는 막연한 기대감을 가지고서 말이지요. 저도, 우리 아이도 수학 선행 학습에 대한 이런 막연한 기대를 가지고 힘들어도 참고 참으면서 진도 빼기를 했습니다. 그런데 이런 과정을 거친 아이들이 막상 고교생이 되어 그동안 진행해 온 선행 학습의 효과를 누리고 싶지만, 몇 년 전이나 지금이나 해당 수학 개념을 이해하지 못한 상황이라면, 고교생이 된 지금도 그 문제를 제대로 풀 수 없는 것은 마찬가지였습니다. 우리 아이도 그랬었고, 다른 수많은 아이들도 이런 시행착오를 겪어 왔을 것으로 추정됩니다.

자녀가 이미 수학 선행 학습을 시작했거나 이제 시작하려고 하는 상황이라면, 이런 제 이야기가 상당히 충격적이시죠? 수학 학원 설명회에서 들은 말들과는 너무나 다르지 않나요? 앞서서 미리 수학 진도를 뽑아 놓으면 고등학교에 올라가서 어려운 수학을 그만큼 더 수월하게 해낼 수 있고, 수학 내신은 물론 수능에서도 유리하다는 것이 그들의 일관된 주장입니다. 저도 우리 아이가 초등학생이나 중학생이었을 때 이런 주장이 상당히 설득력 있다고 느꼈고, 수학 선행에 대한 환상과 기대를 가지고 있었습니다. 그래서 아이가 힘들어 하는데도 수학 선행을 강행했어요. 그런데 허탈하게도 그렇게 힘들게 아이와 갈등하면서까지 어렵게 어렵게 진행했던 몇 년간의 수학 선행이 실제 고등학교에서는 거의 효과가 없었습니다.

혹시 우리 아이가 수학에 약했던 아이였거나, 수학 공부에 아예 손을 놓아서 수학 선행이 효과가 없었던 것은 아닐까 하고 생각하시는 분도 계실 것입니다. 그런데 우리 아이는 중학교 때까지 학교 수학 시험에서 만점이나 90점 이상의 우수한 성적을 받았고, 레벨 테스트를 통과해야만 들어갈 수 있는 서울 목동의 유명 수학 학원에서도 상위권 반에 속했던 아이였어요. 그런 아이조차도 중2 때부터 고1 과정 수학을 선행하면서 힘들어 했었고, 중3이 되어 고2 과정을 배울 때는 학원 선생님의 설명이 이해가 안 돼서 해설집을 보고 베껴 가면서 수학 학원 숙제를 했다고 합니다.

우리 아이는 수학 선행으로 인해 자기 나름대로 마음의 갈등이 심했다고 하더군요. 다들 하는 수학 선행을 자기만 안 할 수도 없었고, 숙제를 안 해 가면 학원에서 엄마에게 문자로 통보하니까 해설집을 베껴서라도 숙제를 할 수밖에 없었다고 해요. 학원 선생님의 설명을 이해할 수 없어도 세 시간 동안 그 자리에 앉아 있어야 했다고 합니다. 다들 다니는 수학 학원을 자기만 안 다니겠다고 하면 엄마가 속상해하고 난리를 칠 것이 분명했기 때문에, 이러지도 저러지도 못하면서 힘들게 학원을 다녔던 거예요. 그러다 가끔 숙제를 못 했거나 너무 가기 싫은 날은 학원을 빠지고 PC방에 가는 일까지 조금씩 생겨났어요. 참으로 딱한 일이지요? 그런데 이게 현실이었어요. 어떻게든 피하고 싶지만 결국 마주하게 되는 불편한 진실 말입니다.

수학 학원에서 너무나 당연시되고 있는 수학 진도 미리 빼기가 극소수의 우수생을 제외한 대부분의 아이들에겐 큰 부담만 될 뿐 효과가 미미했다는 이야기를 듣고 혼란스러우시죠? 수학 선행을 당연하게 진행하는 대다

수 수학 학원의 커리큘럼을 따라가다 보면, 어쩔 수 없이 우리 아이도 수학 선행에 동참할 수밖에 없을 것입니다. 그리고 보통 수학 학원에서 레벨별로 반을 편성하는데, 상위반일수록 선행 진도를 더욱 빨리 진행하는 경향이 있어요. 자녀가 상위반에 있으면 자부심도 느낄 수 있고, 상위반에 좀 더 우수한 강사진이 배정될 확률이 높으니까 여러 모로 유리할 수도 있습니다. 그러나 상위반일수록 진도 빼기가 더욱 빨리 진행되어서 아이가 감당하기 힘든 학습 부담을 겪을 수 있어요. 그러다 보면 아이가 자기가 처리할 수 있는 학습 수준보다 훨씬 높은 과정을 배우면서 인지 과부하로 인해 수학에 싫증을 내거나, 공부에 회의를 느끼는 부작용이 생길 위험도 커지는 것입니다. 또 이러한 공부에 대한 싫증과 회의가 사춘기와 연결되어 더 큰 갈등을 일으킬 수도 있지요. 이처럼 수학 선행은 얻는 것보다 잃는 것이 더 많을 수 있음에 유의하셔야 합니다.

이것만은 꼭!

수학 진도 미리 빼기는 미리 앞서서 학습하여 나중에 좀 더 수월하게 공부하도록 하려는 것이 목적이지만, 실제로는 대다수의 아이들에게 학습 부담만 줄 뿐입니다. 앞서서 배우는 수학 개념에 대한 제대로 된 이해 없이 진도만 빼는 것은 무의미하고 효과가 없습니다. 자녀가 상위권 수학 실력을 가졌다고 해도 아이가 힘들어하면 수학 진도 빼기를 멈춰 주시는 것이 좋겠습니다. 수학은 앞서서 진도를 미리 뽑는 것보다 현 단계에서 기초를 튼튼히 하면서 심화 학습을 하고, 풀이 과정 쓰는 연습을 통해 서술형 문제를 푸는 실력을 기르는 편이 훨씬 더 나은 선택입니다.

2장

초등 수학 교육에 대한 조언

수학은 '수'라는 추상적인 대상을 다루는 학문입니다. 초등학교에 막 입학한 아이들은 열 손가락을 쥐락펴락하며 간단한 덧셈을 잘 해냅니다. 하지만 수에 대한 개념이 명확하게 형성되지 않은 아이들은 수가 점점 커짐에 따라 덧셈과 뺄셈에 어려움을 겪습니다. 10 이상의 수를 나타내기 위해 손가락과 발가락을 함께 쓰기도 하고, 주어진 수만큼 직접 그림을 그려 보기도 하지요. 이처럼 초등 저학년 아이들의 수 개념 발달단계를 고려했을 때, 수를 세거나 크기를 비교하는 활동에서 구체적인 조작물이 요구되는 경우가 많습니다. 예를 들어, '사탕이 10개 있었는데…', '전깃줄에 참새 5마리가…' 등과 같이 실제적인 상황이나 맥락이 뒷받침되어야 하는 것이지요.

그런데 아이들은 앞으로 무한한 수를 다룰 것이기 때문에, 어떤 시각적인 자료나 구체물을 하나씩 세지 않고서도 어떤 양의 많고 적음을 비교하고 인식할 수 있어야 합니다. 이렇게 어떤 수의 크기를 가늠하고 비교하는 지식과 능력을 '수 감각(수학적 감각)'이라고 하며, 우리가 아이들에게 미리부터 길러 주어야 할 수학적 능력도 바로 이것이지요. 여기에서는 아이들의 수 개념 형성과 수의 체계에 대한 이해를 돕기 위해 활용할 수 있는 활동과 놀이들을 몇 가지 소개해 보려고 합니다.

1) 바둑판 채우기

아이들이 수를 세지 않고도 어디가 더 많고, 어디가 더 적은지를 비교하고 인식하는 것은 수 감각 형성에 아주 중요한 경험입니다. 하지만 시각적인 감각이 불안정하기 때문에 시각적인 비교뿐 아니라 직접적인 조작을 통한 비교 활동이 필요하지요. 이럴 때 활용할 수 있는 것이 바둑판 채우기 활동입니다.

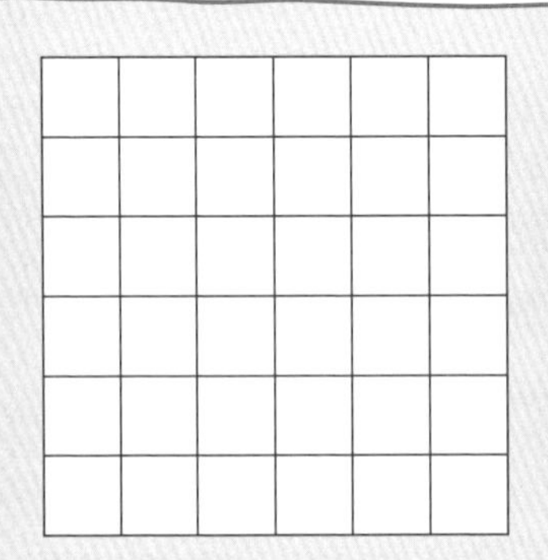

1. 6X6, 8X8, 10X10 등의 바둑판을 준비한다.
2. 검은 돌과 흰 돌을 번갈아 가며 바둑판에 놓는다.
3. 각각의 행과 열은 반드시 같은 수의 검은 돌과 흰 돌로 채워야 한다.
4. 같은 색의 돌은 서로 2개까지만 인접할 수 있다.

2) 가르기와 모으기

수 감각을 기르는 방법 중 가장 대표적인 것이 바로 가르기와 모으기입니다. 조금 더 구체적으로 말하면, 하나의 수를 두 수로 분해하고, 두 수를 하나의 수로 합치는 활동을 말합니다. 가르기와 모으기를 바탕으로 수를 분해할 수 있다면, 수를 헤아리는 일뿐 아니라 덧셈이나 뺄셈의 원리도 이해할 수 있습니다. 이처럼 가르기와 모으기는 기초 덧셈과 뺄셈을 도와줄 수 있는 대표적인 놀이 수학 활동으로, 수 감각을 기를 수 있도록 해 주는 간단한 놀이입니다.

1. 0~9까지의 숫자 카드 3묶음(총 30장)을 잘 섞어 뒤집어 펼쳐 놓은 후 각자 5장씩 가진다. (단, 자신의 카드는 상대편에게 알리지 않는다.)
2. 자기 차례가 되면 자신이 가진 카드 중 2장을 활용하여 숫자 10을 만들고 버린다. (예) [1, 9], [4, 6], [5, 5]
3. 두 장의 카드로 숫자 10을 만들 수 없으면 뒤집어 놓은 카드 패에서 카드를 한 장 가지고 온다.
4. 먼저 카드를 다 버린 사람이 승리한다.

3) 숫자 지우기

수를 세고 쓰는 것은 사실 무척 복잡하고 어려운 과정입니다. 아이들이 0부터 100까지의 수를 하나씩 연속해서 세어 나가는 상황을 생각해 보세요. 아이들은 수를 부르는 이름을 모두 알고 있어야 하고, 이전 수를 부른

다음 그 다음의 수 또한 정확하게 알고 불러야 하지요. 이렇게 수의 이름을 아는 것과 수의 계열을 이해하는 것은 무척 중요합니다. 이를 통해 아이들은 수의 크기를 비교할 수 있기 때문이지요. 다음과 같은 놀이를 통해 아이들은 수의 계열을 자연스럽게 경험하고 인식할 수 있습니다.

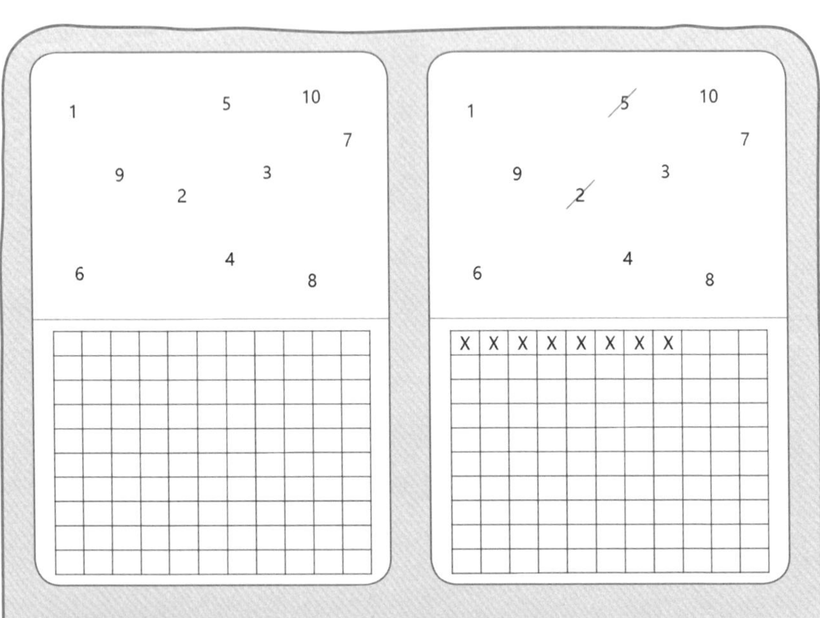

1. 위쪽 빈 공간에 자유롭게 0~20까지의 숫자를 쓴다.
2. 옆 사람과 종이를 바꾸어 가진다.
3. 가위바위보로 순서를 정하고, 자신의 차례가 되면 아무 숫자를 하나 부른다.
4. 숫자를 부른 사람은 다른 사람이 숫자를 찾는 동안 아래쪽에 있는 빈칸을 X로 채워 나간다.
5. 3~4의 과정을 반복하여 먼저 빈칸을 다 채우는 사람이 승리한다.

심화보다는 기초를 탄탄하게

많은 아이들에게 있어 선행 학습은 당연한 것으로 여겨지곤 합니다. 여러 가지 이유가 있겠지만 대부분 뒤처지지 않기 위해서, 혹은 높은 학업 성취도를 위해서 선행 학습을 한다고 하더군요. 저 또한 학창 시절에 학원을 다니며 선행 학습을 했던 경험이 있습니다. 중학교 1학년 때 2학년 교육 과정 범위의 수학을 배웠었는데, 처음에는 앞서간다는 느낌에 스스로가 뿌듯하고 자신감이 넘쳤었습니다. 그런데 그때의 기쁨은 잠시뿐이었어요. 학원에서 배운 내용을 학교에서 복습할 수 있었더라면 차라리 좋았을 거예요. 하지만 학원에서의 진도는 너무 빨랐기 때문에 학교와 학원의 연계는 이루어지지 못했지요. 그래서 선행 학습은 학원에서만 잠깐 빛을 발했을 뿐, 실질적으로 저에게 큰 도움이 되지 않았습니다.

지금 생각해 보면 그 당시 학원에서 진도를 너무 앞서간 탓에, 오히려 학교에서 배우는 내용들을 자연스레 잊어버린 게 아니었나 싶습니다. 선행과 심화 학습의 부작용을 경험한 것이지요. 학원을 다님에도 불구하고 저는 어느 순간부터 학교에서 배우는 수학을 따라가지 못하게 되었습니다. 앞서 언급한 것처럼, 학교에서 배우는 수학 공식과 풀이 방법 등의 내용들이 선행 학습에 묻혀 점점 잊혀졌기 때문이었습니다.

선행 학습의 부정적인 면을 느끼게 된 계기가 또 하나 있습니다. 예전에 초등학교 2학년 학생을 맡았을 때의 일입니다. 그 아이는 안 다니는 학원이 없을 정도로 많은 학원을 다니고 있었지요. 국어와 영어는 물론이고 사고력 수학과 심화 수학, 그리고 예체능까지 빽빽하게 채워진 학원 스케줄로 인해 그 아이는 늘 지쳐 있었고, 풀이 죽어 있는 모습을 무척 자주 보였습니다. 어떤 날은 학원 숙제와 교재로 가득 채워진 그 아이의 가방을 보고 안타까운 마음이 들기도 했어요.

사실 저는 그 아이가 수학 학원을 다닌다는 사실을 한참이나 나중에 알게 되었습니다. 다른 과목에 비해 수학을 못하기도 했었고, 수학에서 언제나 작은 계산 실수들이 잦았기 때문이었지요. 2학년인 그 아이가 5학년 수학 문제집을 풀고 있는 걸 본 순간, 속으로 무척 놀랐던 기억이 아직도 생생합니다. 어느 날은 자신이 푼 문제집을 가지고 와서 저에게 채점을 부탁하곤 했었는데, 그럴 때 틀린 문제들을 살펴보면 대부분 사칙연산 실수이거나 문제를 잘못 읽은 경우가 많았습니다. 저와 함께하는 수학 시간에도 가장 기초적이고 당연한 것에 어려움을 느끼던 모습이 불현듯 떠오르더군요.

'기초가 흔들리는데 이런 선행들이
과연 의미가 있을까?'
하는 생각이 들었습니다.

학생 개개인의 수준에 맞게 진행되는 선행 학습이 아니라면, 선행 학습은 때때로 모래 위의 성같이 느껴지고는 합니다. 공들여 열심히 쌓아올려 커다랗고 근사한 성을 만들었지만, 언제든 쉽게 무너져 내릴 수 있기 때문이지요. 초등학교 수학 학습에 있어 가장 중요한 것은 현행에 충실하기, 그리고 복습하기라고 생각됩니다.

현재 학교에서 배우는 내용에 충실하라는 것은 단순히 학교에서 이루어지는 진도에 맞추라는 의미가 아닙니다. 이는 아이들이 아는 것과 모르는 것을 분명하게 구별하고 있는지, 그리고 잘못 알고 있는 것은 무엇인지 점검하는 것까지를 말합니다. 논어 위정 편에 '지지위지지 부지위부지 시지야(知之爲知之, 不知爲不知, 是知也.)'라는 구절이 있습니다. 아는 것을 아는 것이라고 말하고, 모르는 것을 모른다고 인정하는 것이야말로 진정으로 아는 것이라는 뜻이지요. 저는 학기 초에 늘, 아이들과 함께 이 구절을 마음에 새깁니다.

복습은 학교와 가정에서 하고, 학원은 충분한 이해를 바탕으로 한 발 더 나아가는 심화의 장으로 활용되었으면 합니다.

학습 내용에 대한 기초와 심화의 단계가
충분히 익숙해지고, 분명한 이해가 이루어진 다음에
선행을 해도 결코 늦지 않습니다.

이것만은 꼭!

많은 아이들이 선행 학습을 하고 있는 만큼, 선행 학습은 학업 성취에 적지 않은 영향을 끼칩니다. 하지만 과도한 선행 학습은 오히려 독이 되기도 하며, 본질적으로 기초·기본 학습보다 중요하지도 않습니다. 뿌리가 튼튼해야 나무가 크게 자랄 수 있으므로, 좋은 영양분을 주기 전에 뿌리를 먼저 확인해야 하지요. 마찬가지로 선행 학습을 하기 전에 아이가 현행 수준을 충분히 제대로 이해하고 있는지, 문제를 올바르게 해결할 수 있는지를 먼저 살펴보아야 합니다.

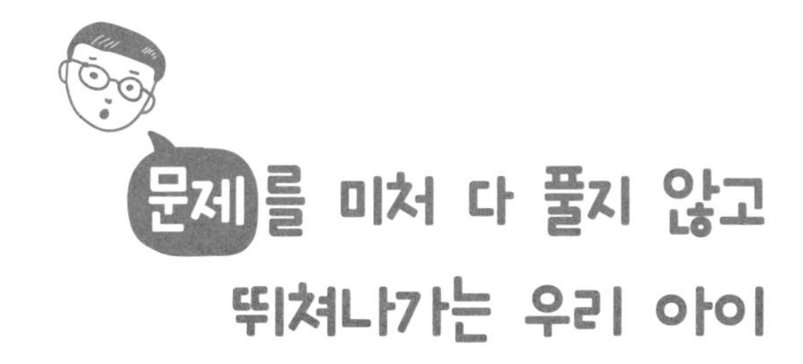

성격이 급해서, 혹은 노는 것을 좋아해서 해야 할 일을 마치지 않았음에도 엉덩이가 들썩거리는 아이들이 많습니다. 칭찬이나 간식과 같은 보상이 있어도 아이들을 붙잡기는 쉽지 않지요. 제가 방과후 수학 지도를 맡았을 때, 그런 불같은 아이가 두 명 있었습니다. 아이러니하게도 한 명은 자신감은 높았지만 학습 동기가 낮았고, 다른 한 명은 성실하지만 소극적이며 오답에 대한 두려움이 무척 컸습니다. 두 아이는 모두 밖으로 나가고 싶어 안달이 났었지요.

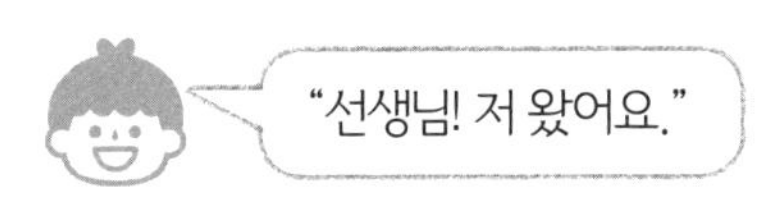

"그래. 오늘은 자연수 혼합 계산에 대해 복습해 보자."

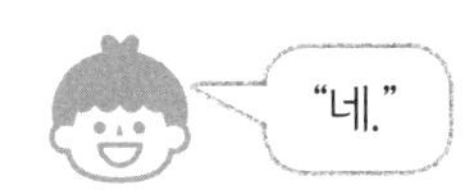

"그럼 연습 문제 한번 스스로 풀어 볼까?"

"선생님, 다 했어요."

두 아이 모두 위와 같은 대화가 수업이 시작된 지 5분도 채 지나기 전에 이루어졌었습니다. 아이들이 제출한 활동지를 확인해 보니, 자신감은 높은데 학습 동기가 낮은 학생의 경우는 실수로 인한 오답이 무척 많았습니다. 그리고 성실하지만 소극적인 학생이 제출한 활동지에는 풀지 않고 비워 둔 문제가 많았습니다. 불편하고 두려운 학습 환경에서 얼른 벗어나고 싶은 마음에 재빨리 과제를 수행했다는 공통점이 있는 반면, 회피에 대한 이유는 조금씩 달랐던 것이지요. 지도하는 교사의 입장에서 답답하기도 하고 안타깝기도 했지만, 방과후 수학이라는 제한적 시간 안에 아이들의 이런 태도를 바꾸기는 쉽지 않았습니다.

"재미없어요", "어려워요", "하기 싫어요", "다른 거 하면 안 돼요?" 등등…. 이러한 여러 가지 이유들로 아이들은 공부하며 앉아 있는 것을 어려워합니다. 가장 본질적인 이유는 낮은 학습 동기라 할 수 있지요. 초등학생 아이들은 재미와 즐거움만을 맹목적으로 추구하는 경향이 있습니다.

그러면, 어떻게 하면 문제를 다 풀지 않고 뛰쳐나가는 우리 아이들을 다시 책상에 앉힐 수 있을까요? 이런 아이들에게는 수행을 완수했을 때의 뿌듯함이나 학업에 대한 순수한 즐거움을 알려 주어야 합니다. 그렇게 하려면 아이들이 두려움 없이 행할 수 있는 과제가 제시되어야 해요. 아이가 '어? 쉽네!'라고 생각하면서 성공과 성취를 경험하고, 이를 통해 '나도 할 수 있다'는 자신감을 가질 수 있는 기회가 필요한 것입니다. 그렇게 조금씩 조금씩 자기 효능감이 향상되어 감에 따라 과제의 난이도를 높여 가야 합니다. 이때에도 아이의 수준을 면밀히 파악하는 것이 중요해요. 너무 어렵지 않게, 아이가 답에 도달할 수 있는 수준으로 천천히 올라가야 합니다.

> 해냈을 때의 뿌듯함을 경험한 아이는
> 할 수 있다는 자신감을 가지게 되고,
> 이는 곧 새로운 도전으로 이어지게 됩니다.

그리고 한번에 많은 양을 주는 것보다, 때에 맞게 해결할 수 있는 분량의 과제를 주는 것이 좋습니다. 아무리 쉽게 해결할 수 있는 과제라도 아이 스스로가 '많은 시간을 들여야 한다'고 느끼게 되면, 시작하기도 전에 의욕이 꺾일 수 있기 때문이에요. 따라서 전체를 부분으로 나누어 세부적인 계획을 세우고 하나씩 해결해 나가는 것이 긍정적인 학습 습관을 기르는 데 큰 도움을 줄 수 있습니다. 단계적으로 차근차근 해결해 나가는 것이 중요하답니다. 앞서 언급한 것처럼 아이가 점차 높은 학습 동기를 가지게 되면, 끈기와 과제집착력도 더불어 향상될 것입니다.

'문제를 미처 다 풀지 않고 뛰쳐나가는 아이를 억지로 책상 앞에 앉게 하는 것이 과연 아이에게 좋을까?'를 하루에도 몇 번씩 고민해 봅니다. 우리는 아이의 공부를 대신해 줄 수 없지요. 다만, 앞서 언급한 몇 가지 방법들로 아이 스스로가 할 수 있도록, 내적 동기를 촉진시키는 역할에 충실해야 합니다.

작은 도움으로 수학 성취감을 느끼게 해 주세요

아이의 실력이 어느 순간 멈춘 것 같을 때가 있습니다. 하지만 개인마다 차이가 있으며 스스로 느끼지 못할 뿐이지, 그 순간에도 아이는 성장하고 있고 아이의 성장 곡선은 올라가고 있다는 것을 부모도, 아이 스스로도 인식해야 할 필요가 있습니다. 노력에 비해 성취가 잘 느껴지지 않거나 성취가 더딘 것 같다고 느껴질 때 어떤 경험을 하느냐가 중요합니다. 그 경험이 앞으로 아이가 계속 경험하게 될 도전적 상황에서 스스로 위기를 극복하는 힘을 기를 수 있느냐를 결정하기 때문입니다.

저희 반 회장을 맡았던 한 아이는 학기 초에 자신감 넘치고 늘 성실한 모습을 보여 주었는데, 어느 날부터인가 조금 변한 것 같은 느낌을 받았습니다. 그 아이의 모습 중에서 가장 안타까웠던 것은, 매번 자신의 능력 밖의 과업을 목표로 잡는 것이었지요. "이걸 해 보면 어떨까?"라고 권할 때에도 아이는 고개를 저으며 "이거 할 거예요!"라고 외쳤었어요. 그러던 아이는 몇 번의 실패와 좌절을 반복하더니, 어느새 아무것도 꿈꾸지 않는 모습을 보였습니다.

"△△아! 요즘 선생님이 △△이의 슬픈 얼굴을 자주 보는 것 같아. 혹시 무슨 일 있어? 선생님한테 이야기해 줄 수 있을까?"

"… 옛날에는 제가 공부를 잘하는 줄 알았는데요…."

"그런데?"

"지금은 아닌 것 같아요. 문제집을 풀어도 자꾸 틀리고, 다른 애들은 다 끝내는데 저 혼자 못해요…. 그냥 저는 뭘 해도 다 안 되는 것 같아요."

"무엇이 우리 △△이의 자신감을 훔쳐 간 걸까? 선생님은 언제나 성실한 △△이가 노력으로 일군 빛나는 진주를 가진 아이라고 생각하는데."

"…."

"△△아! △△이는 바이올린을 잘하지? 선생님이 이제 바이올린을 배워 보려고 하는데 △△이가 조언 좀 해 줘."

"어떻게요?"

"선생님이 연주하고 싶은 곡이 있는데 너무 어려워서 바이올린 배우는 걸 그만둘까 싶어."

"에이, 선생님! 처음인데 어떻게 바로 이 곡을 연주해요? 이거 저도 어려웠어요."

“선생님은 바이올린 못하잖아. 연주할 수 있는 곡이 하나도 없어.”

“운지법을 잘 몰라서 그래요. 선생님은 운지법부터 확실하게 연습해 보세요.”

“그래, 고마워. △△아. 선생님은 △△이가 해 준 말들 그대로 △△이에게 말해 주고 싶어.”

“네?”

“△△이도 너무 먼 곳을 한걸음에 가려고 한 건 아니었을까?
△△이가 내디딜 수 있는 가장 큰 보폭이 어디까지인지를 생각해 보고, 차근차근 가는 건 어떨까?”

△△이의 자신감을 북돋아 주고 앞으로의 학업 성취를 위해 해 주고 싶은 조언들은 많았지만, 지금까지 쌓아 온 학습 성향과 태도를 바꾸기는 쉽지 않았어요. 그래도 조금씩 현실적이고 실현 가능한 목표를 세우고, 도달하기 위해 노력하는 모습이 보이더군요. 그 아이는 점차 자신감을 찾아갈 것이고, 마치 계단을 오르듯 성큼성큼 성장할 것입니다. 그리고 쌓여 가는 경험을 통해 눈에 보이지 않는 막연함이 아닌, 눈에 보이는 한 걸음씩을 내딛으면서 조금씩 성취감도 느끼고 노력의 의미도 알게 될 것입니다.

아이들에게 목표를 세분화하여
눈에 보이는 성취를 느끼게 하는 것은,
학습 동기를 촉진하는 데 있어 무척 좋은 방법입니다.

하나의 큰 과제를 무작정 수행하는 것보다, 실현 가능성이 있는 과제를 단계적으로 수행하는 것이 좋지요. 아이에게 성취의 기쁨을 느끼게 하려면 특히, 아이 스스로 노력해서 해결할 수 있는 과제를 주어야 합니다. 혼자 또는 엄마나 선생님의 작은 도움으로 해결할 수 있는 문제를 통해 자신감을 키울 수 있습니다. 아이에게 제시해 주어야 할 과제는 현 수준에서 낮은 것도, 터무니없이 높은 것도 아니어야 합니다. 그저 아이가 할 수 있는 것에서 딱 한 단계 정도 높은 과제를 제시해 주어야 하지요. 이렇게 한 단계 정도 높은 과제를 받아야 아이는 도전 의식을 불태우고, 성실한 노력을 통해 짜릿한 성취감을 느낄 수 있게 됩니다.

이것만은 꼭!

아이들이 하나의 큰 덩어리를 한번에 소화하기를 바라지 마세요. 작게 잘라서 차근차근 하나씩 해결해 나가는 즐거움과 기쁨을 느낄 수 있도록 해 주세요. 작은 과제라도 아이들은 완수했다는 것에 뿌듯함을 가지게 되고, 이는 다음 단계로 나아가기 위한 발판이 됩니다. 따라서 아이들이 해낼 수 있는 과제를 주어야 하는 것이지요.

그리고 아이들의 성취감에 있어서, 부모님의 작은 도움이 아이에게 매우 큰 영향을 끼치는 경우가 많습니다. 엄마와 아빠의 도움을 양분으로 삼아 어느 순간부터 "이건 안 도와주셔도 돼요", "제가 혼자 해 볼게요", "혼자 다 했어요"라며 학습 과정 중에 성장을 보이는 경우도 많지요. 응원하기, 격려하기와 같은 정서적 지원 외에도 부모님이 해 줄 수 있는 것은 많습니다. 그러면 아이가 순풍에 돛을 단 배처럼 신나게 앞으로 나아갈 수 있게 될 것입니다.

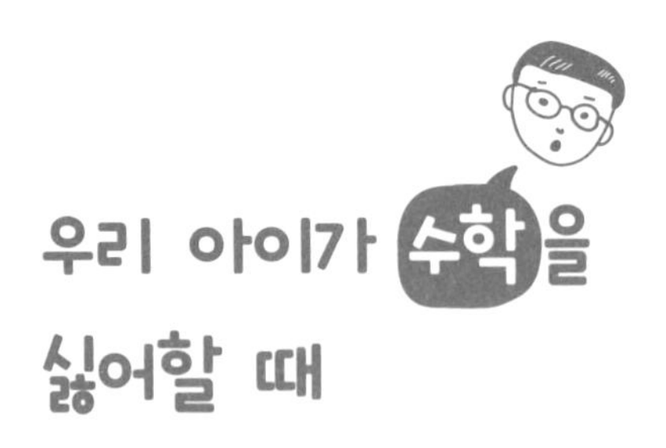

우리 아이가 수학을 싫어할 때

수학에 대한 두려움은 남녀노소 불문인 것 같습니다. 막연히 어렵게만 느껴지고, 재미란 하나도 찾을 수 없을 것 같지요. 하지만 그렇다고 해서 마냥 손을 놓을 수는 없는 것이 바로 수학입니다. 왜냐하면 초등학교에서 학습하는 수학은 중고등학교 수학 학습의 토대가 되고, 자연과학, 공학, 의학, 사회과학, 인문학, 예술 등 여러 분야를 학습하는 데 기초가 되기 때문입니다.

그런데 많은 사람들이 수학을 곧 연산 능력으로 생각하고는 합니다. 그래서 아이들에게 정형화된 문제 풀이와 정답을 요구하며, 지식과 기능 습득을 위해 반복적인 연습을 강요할 때도 많습니다. 이런 것들이 반복될수록 아이들은 수학을 더 멀리하고 싫어하게 됩니다. 중요하다는 것을 알면서도 하기 싫어하는 경우가 많지요.

우리는 먼저 아이들에게 수학이 실생활과 가장 밀접한 학문이라는 것을 가르쳐 주어야 합니다. 연산 기능의 습득이나 수학적 소양을 쌓게 하는 것보다, 수학이 스며든 우리 삶의 부분들을 바탕으로 그 필요성과 의의를 이해하도록 해 주는 것이 중요합니다. 무심코 지나쳤던 일상생활 속에서 무언가 문제를 발견하고 그것을 해결하려는 동기가 생기고, 그 동기로부터 수학을 배우고 싶다는 마음이 자연스럽게 자라날 수 있습니다. 어느 날 6학년 한 아이가 '수학은 곧 성공의 필수 조건'이라고 이야기하더군요. 재력 있는 어른이 되기 위해 정말 싫어하는 수학을 할 수밖에 없는 현실이 힘들다고 말했습니다.

"선생님! 수학 진짜 하기 싫어요. 그래서 너무 짜증 나요."

"○○이는 수학을 왜 해야 한다고 생각해?"

"커서 성공하려고 배우는 거 아니에요?"

"○○이가 생각하는 성공은 무엇이길래 수학을 배워야 해?"

"부자 되는 거요. 아니면 유명한 사람."

"그렇구나. 그럼 수학을 못하는 사람은 부자도, 유명한 사람도 못 되는 거겠네?"

"그렇겠죠? 아닌가?"

"그럼 수학을 잘하는 건 뭐야? 네 말대로 부자나 유명한 사람이 되려면 구체적으로 뭘 잘해야 하는 거야?"

“그냥 뭐…. 수학 100점 맞고 빨리 문제 풀고 계산 잘하는 거요.”

“그런 걸 잘 못한다고 하면 우리 생활에 어떤 불편함이 있을까?”

“그러니까요! 전혀 안 불편할 것 같은데 수학을 왜 해야 하는지 모르겠어요. 짜증 나요.”

마치 뫼비우스의 띠처럼 ‘수학은 무엇일까?’, ‘수학을 왜 공부해야 할까?’와 같은 질문들과 그에 대한 주관적인 답변들이 계속 반복되었어요.

아이들이 수학을 싫어하는 이유는 정해져 있습니다. 왜 배워야 하는지, 구체적으로 무엇을 배우는지 모르기 때문이지요. 따라서 아이들이 직접 생활 속에서 수학적 원리를 발견하고 탐색할 수 있도록 해 주는 것이 무척 중요합니다. 이를 위해서는 탐구 중심의 수학 학습이 이루어져야 해요.

탐구 학습이란 교사의 설명이나 시범을 수동적으로 따르는 것이 아닌, 학생이 중심이 되어 주도적으로 지식을 발견하고 구성하게 하는 것입니다. 예를 들어, 아이들 스스로 주어진 자료와 정보를 활용하여 수학의 개념, 원리, 법칙 등을 도출하거나 타당성을 확인하는 탐구 과정을 경험하도록 하는 거예요.

또 교구 등의 구체적 조작물 및 모델을 통해 자신의 탐구 과정을 말이나 그림 등의 여러 가지 방법으로 설명하게 하면, 수학적 개념을 형성하는 데 큰 도움이 됩니다. 스스로 수학에 대해 말하고, 추측하고, 자신의 생각을 글이나 말로 표현함으로써 이해력이 더욱 향상될 수 있지요. 단순히 답을 구하거나 문제를 해결하는 데 중점을 두지 말고, 실험이나 조사 등과 같은 탐구 활동에 적극적으로 참여할 수 있는 기회를 마련해 주세요.

이렇듯 실생활과 밀접한 생활 수학을 바탕으로 수학적 경험을 점차 확장해 나가고, 이를 토대로 수학적 사고력과 이해력을 함께 넓혀 가야 합니다.

변화하는 미래 사회에서 아이들에게 수학적 소양을 길러 주는 것은 무척 중요합니다. 문제를 인식하고 해결하는 일련의 과정 속에서 예상, 추론, 비판적 사고와 같은 수학적 소양과 역량을 함께 길러 주어야 합니다.

이것만은 꼭!

수학은 그 무엇보다 재미있고 흥미로운 학문입니다. 수학에는 알아 가는 즐거움, 밝혀 내는 짜릿함, 삶에 적용하는 재미가 모두 들어 있지요. 하지만 수와 연산만을 수학으로 여기는 사람은 수학을 어렵고 지루한 것으로 느낄 수밖에 없습니다. 그렇기 때문에 아이들에게 먼저 수학을 배워야 하는 이유를 알려 주어야 해요. 우리 생활과의 밀접한 관련성뿐 아니라, 수학적인 태도와 사고력의 필요성을 인식함으로써 수학의 재미를 조금이나마 느끼도록 해 주어야 합니다. 아이들은 실질적인 구체물 조작을 통해 수학적 개념과 원리를 이해하고, 자신만의 것으로 해석하고 설명해 내는 탐구 과정을 경험하는 것을 통해 수학의 매력을 알 수 있게 될 것입니다.

5부

초등학생의 과학 이야기

1장

초등 과학 교육에 대한 조언

과학을 좋아하는 아이 만들기

꽤 많은 아이들이 국어, 수학, 영어에 비해 사회나 과학을 친숙하게 여기지 않고 어려워합니다. 주지 교과가 아니어서인지, 익숙하지 않아서인지 흥미나 관심을 가지는 경우도 적지요. 하지만 우리는 과학 속에 둘러싸여 살고 있습니다. 미래 사회를 살아갈 아이들은 사회과학, 자연과학, 기술과학 등에 대한 이론뿐 아니라, 과학적으로 사고하고 행동하는 태도를 지니고 자라나야 합니다. 못하는 것과 싫어하는 것은 다릅니다. 이런 것들이 모름에서 야기되는 문제라면 알 수 있도록 도와주어야겠지요.

과학을 잘 하지 못해도 좋아하는 아이가 되어야 합니다. 낯설고 어려운 이론 속에서 아이들이 직접 삶과의 관련성을 느끼고, 몸소 체험할 수 있도록 해 주는 것이 중요합니다. 그렇기 때문에 학교에서도 여러 가지 실험과 실습을 병행하고 있지요. 길게 나열된 문단들을 무작정 암기하는 것이 아니라 과학적 원리에서부터 이해할 수 있는 환경이 조성된다면, 아이들은 호기심을 가지고 새로운 시각으로 세상을 바라보는 창의적인 사람으로 자랄 수 있을 것입니다.

그럼 어떻게 하면 과학을 좋아하는
아이로 기를 수 있을까요?
우선, 일상생활 속에서 아이와 함께
세심한 관찰을 시도해 보세요.

당연하게 지나쳤던 것들에 대해 다음과 같은 의문들을 제기해 보세요. 아이들이 주변에서 쉽게 보고 느낄 수 있는 과학적 원리를 찾을 수 있게 우리가 먼저 부지런해져야 합니다.

"왜 비가 올까? 구름은 어떻게 형성되는 거지?"

"달팽이는 어떤 구조를 가지고 있을까? 식물은 어떻게 자라나지?"

"자전거 페달을 밟으면 왜 앞으로 나아갈까? 원리는 무엇일까?"

아이의 호기심과 상상력은 무한한 가능성을 내포하고 있습니다. 궁금증을 통해서 수많은 발견이 이루어지지요. 그러므로 "한 번 스스로 조사해 볼까?"도 좋지만, 아이가 흥미를 잃고 포기하지 않도록 지원과 피드백을 아끼지 않아야 합니다. 아이가 호기심을 가지고 참여함으로써 기존의 과학 지식을 새롭게 받아들일 수 있고, 자기 것으로 만들 수 있습니다. 아이와 함께 돋보기를 들고 공원으로 나갈 수도 있고, 도서관을 방문할 수도 있어요. 또 집에서 사용할 수 있는 재료를 가지고 모의 실험을 계획할 수도 있지요. 궁금한 것을 해결하기 위해 자기만의 실험을 독창적으로 설계하도록 자유와 시간을 주어야 합니다. 안 된다고만 하지 말고, 아이의 이야기를 충분히 들어 보세요. 그리고 실행할 수 있는 범위 안에서 직접 실행해 볼 수 있도록 도와주어야 합니다. 담임 선생님과 의논하거나, 실험실 사용 가능 여부에 대해 묻는다면 더 많은 것을 얻을 수도 있을 거예요.

못하는 것과 싫어하는 것이 다르듯, 모르는 것과 싫어하는 것도 전혀 다릅니다. 아이들은 연역적으로 전개되는 과학 교과서와 끊임없는 평가들에 휩쓸려 과학을 귀찮고 지루한 것으로 여기게 됩니다. 그렇지만 아이들이 직접 가설을 세우고 탐구하는 과정을 가정에서도 충분히 경험할 수 있고, 이를 통해 아이가 과학에 흥미를 갖고 좋아하게 만들 수 있습니다. "왜? 어떻게?"라는 질문을 할 수 있는 상황만 만들어 주어도, 아이들의 호기심을 충족할 수 있는 최소한의 기회만 마련해 주어도 과학적 사고력과 탐구력을 키울 수 있습니다.

이것만은 꼭!

과학이라는 학문은 자연 현상에 대한 궁금증에서 시작되었습니다. '왜?'라는 질문에 대한 답을 찾아가는 과정을 통해 탄생되었다고 할 수 있지요. 그런 점에서 과학은 이론이나 지식이 아니라, 삶의 태도나 방법에 더 가까이 있다고 할 수 있습니다. 갈릴레오가 눈앞에 보이는 사실이나 여론에도 불구하고 지구가 돈다고 이야기할 수 있었던 것은, 사실을 발견한 것을 이야기할 수 있는 용기가 있었기 때문이지요. 아이들이 일상에서 쏟아내는 '왜?', '어떻게?'라는 질문을 입으로 삼켜 버리고 내적 호기심을 증발시키지 않도록 질문하고 답을 찾아가는 기회를 열어 주시고, 더 적극적으로 만들어 주세요!

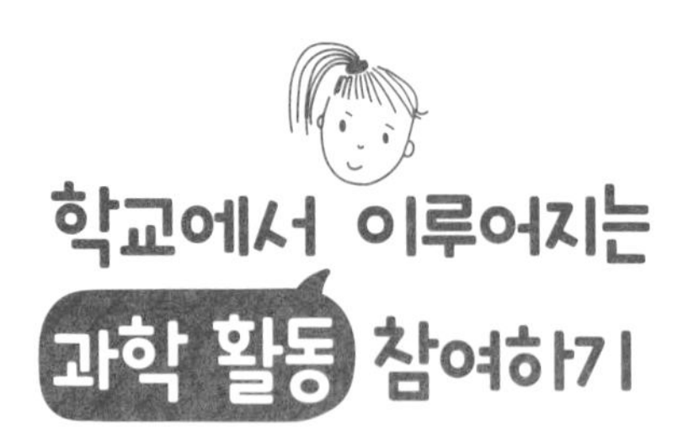

학교에서 이루어지는 과학 활동 참여하기

매번 봄방학마다 발명품 하나씩을 생각해 오라고 하는데, 이런 걸 왜 모든 학생이 해야 하나요? 너무 형식적인 것 아닌가요?

의무적으로, 억지로 하는 숙제라면 형식적일 수 있습니다. 그런 과제라면 하지 않고 차라리 다른 의미 있는 활동을 하는 게 더 좋을 것 같습니다. 하지만 한 해 동안 한번이라도 나의 생활에서 불편한 점을 개선할 수 있는 발명품을 한 가지씩 생각해 본다면, 초등학교 기간 동안 6가지 발명품의 주인이 되는 것입니다.

학교 혹은 교육청 단위로 과학과 관련된 많은 프로그램이 진행되고 있습니다. 특히 신학기 개학을 앞둔 봄방학 때는 발명품 대회가 방학 숙제의 일부로 제시되기도 하지요. 막상 이런 과제가 주어지면 무엇을 쓸지 잘 떠오르지 않고, 막막하게만 느껴지는 경우가 대부분입니다. 평소에 궁금한 것이나 불편한 것을 생각해도 잘 기억나지 않지요. 그렇기 때문에 평소에 아이와 많이 이야기하고, 기록해 두는 것이 중요합니다. 길을 걷다가, 놀이를 하다가, 또는 잠들기 전에 문득 아이가 말했던 호기심을 캐치해 두는 것이 좋아요. 우리 아이가 평소에 알고 싶어 했던 것은 무엇인지, 해결하고 싶어 했던 문제들은 무엇인지 함께 마음껏 토의해 보는 시간은 무척이나 긍정적인 경험일 것입니다. 새롭고 독창적인 아이디어가 있을 때 항상 긍정적으로 반응해 주고, 무심히 넘기지 않고 함께 의논하여 해결책을 찾아보는 것도 좋아요.

아이들의 과학적 사고력을 신장시키는 것에 도움을 주고 싶은데 방법을 모르겠다면, 잘 만들어 놓은 다른 사람의 과학탐구 과정을 살펴보고 따라해 보는 것부터 시작하세요. 특히 대회 수상작들은 객관적으로 검증이 된 우수한 탐구활동의 결과물이라고 할 수 있기 때문에, 아이가 관심 있어 하는 키워드를 중심으로 검색하여 찾아보면 됩니다. 또 각 지역에는 과학관이나 과학교육원의 역할을 하는 기관이 있어요. 그곳에 가면 학생들의 과학탐구 과정을 담아놓은 결과물들이 전시되어 있는데, 대부분 전국 단위의 수상작들입니다.

과학관을 갈 때에 다음의 몇 가지들을 준비해 간다면 더욱 의미 있고 값진 경험이 될 수 있을 거예요. 우선 과학관 홈페이지나 팜플렛 등을 통해 어떤 것이 전시되어 있는지, 특징적인 것은 무엇인지를 미리 알아보는 것이 좋아요. 그리고 아이가 호기심을 가질 만한 질문을 몇 가지 준비해 가면, 아이의 사고를 더욱 촉진할 수 있습니다. 아이의 감탄사로 관람을 끝마치기보다는 새로운 것을 유심히 관찰하는 태도를 기르고, 나아가 또 다른 궁금증으로 이어질 수 있도록 해야 합니다. 아이가 모르는 것을 묻더라도 당황하지 마세요. 정답을 찾아갈 수 있도록 관찰 관점을 제시해 줌으로써 아이의 생각을 넓히는 것도 좋은 방법입니다.

특히, 학교에서 이루어지는 과학 활동이나 대회들에 참가하면, 과학탐구

과정을 심도 있게 경험할 수 있는 좋은 기회를 가질 수 있습니다. 수상을 한다면 더할 나위 없이 좋겠지만, 수상하지 않더라도 대회를 준비하며 참가하는 과정 자체로도 과학적 사고력을 신장시킬 수 있고 학습에도 큰 도움이 됩니다.

학교에서 이루어지는 과학 활동이나 행사가 있다면
적극적으로 신청해서 참여하세요.

그렇다면 우리 아이가 참가할 수 있는 과학 활동이나 행사에는 어떤 것이 있을까요? 학교에서는 과학이나 발명 동아리, 1학기에 이루어지는 과학 행사 등이 있습니다. 과학교육원이나 과학관, 그리고 발명교실 같은 기관에서 이루어지는 과학 캠프, 과학 영재반 등도 있어요. 보통 발명교실은 학교에 같이 있긴 하지만, 학교와는 별도의 기관이라 볼 수 있습니다. 만약에 우리 학교에 발명교실이 있다면 좋은 기회이니, 발명교실에서 진행하는 활동이나 행사는 잘 살펴보았다가 꼭 참가하도록 하세요. 그리고 교육대학교에서도 학생들을 위한 과학 캠프나 창의력 캠프 등을 열고 있습니다.

교육청 및 전국 단위 과학 활동과 관련된 큰 대회로는 학생과학발명품경진대회, 과학전람회, 창의력경진대회 3가지가 있습니다. 그리고 지역별로 이루어지고 있는 학생탐구발표대회도 있습니다. 과학전람회는 과학탐구 과정의 전반을 심도 있게 다루어 볼 수 있는 아주 좋은 기회입니다. 가설을 수립하고 이를 검증하기 위해 여러 가지 탐구 활동을 진행하는 과정을 통해 과학적 소양을 높일 수 있지요. 예전에 전람회를 지도하던 중에 학교 안에서는 하기 힘든 실험이 있어서 인근 대학과 연결하여 실험을 진행하였는데, 한 학기가 넘는 기간 동안 대학 실험실을 방문하며 여러 가지 실험을 진행하였던 적이 있었습니다. 일반적인 상황은 아니었지만, 자라나는 미래의 꿈나무를 위해 흔쾌히 도움을 주시는 분들을 의외로 많이 만나 볼 수 있었습니다. 꼭 방문을 하지 않더라도 여러 분야의 전문가들을 통해 도움을 받을 수도 있고, 이러한 경험을 통해 시야를 보다 더 넓힐 수 있지요. 대학생이 되었거나 사회생활을 하고 있는 제자들 중에서 과학전람회를 준비하던 추억을 곧잘 이야기하는 아이들이 있는데, 그 이야기를 들어 보면 그만큼 의미 있고 기억에 남을 만한 일이라고 여겨집니다.

보통 이러한 대회는 학교 단위 대회를 통해 학생 대표를 선발하며, 선발된 후에 지역교육청 또는 교육지원청 대회에 참가하게 됩니다. 시·도마다 다를 수 있는데, 지역교육지원청 대회를 거친 입상자들이 지역교육청 대회에 참가하고, 거기서 전국 대회 참가팀을 선발합니다. 요즘은 교육지원청 대회는 점점 없어지고, 바로 교육청 대회에 참가하는 추세로 가고 있습니다.

과학 관련 대회는 1학기에 실시되고, 여름방학이나 2학기 초에 전국 대회가 있습니다. 그래서 보통 겨울방학이나 봄방학 즈음에 관심 있는 주제나 대상을 정해 놓고 준비를 해야 합니다. 특히 발명품경진대회 일정이 가장 빠르기 때문에, 이 대회는 새 학년이 시작하기 전에 준비를 해 두는 것이 좋습니다.

이것만은 꼭!

탐구 활동과 관련된 과학 행사 외에도 물로켓, 모형항공기, 드론 등 활동 자체만으로도 흥미로운 대회나 행사들이 많이 있습니다. 학교 외에도 기관이나 대학에서 주관하는 행사들도 있으니 관심을 가지고 살펴보세요.

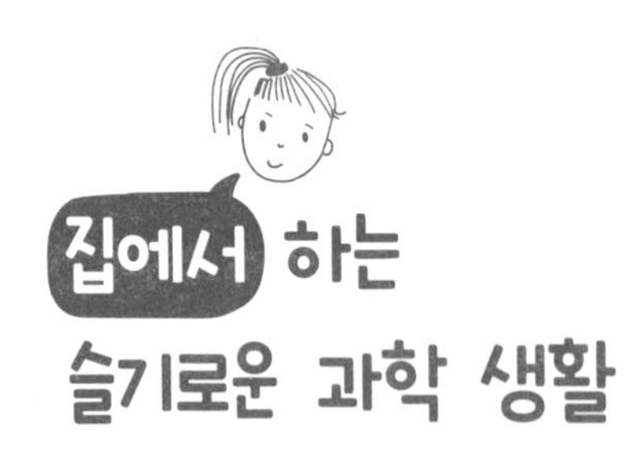

집에서 하는 슬기로운 과학 생활

"대도시가 아니다 보니 주변에 과학관이나 교육대학교가 없는데, 우리 아이가 과학탐구 경험을 할 수 있도록 도와줄 방법이 없을까요?"

아무래도 과학관과 같은 큰 기관은 주로 대도시에 있어서 한번 가려고 하면 큰 마음을 먹고 가야 합니다. 멀지 않다고 해도 주말이나 방학 때 시간을 내서 과학관에 가게 되니, 평소에 자주 가는 편이라고 할 수는 없지요. 또 잘 바뀌지 않는, 고정되어 있는 체험 시설들 위주로 보기 때문에 자주 가면 아이들이 익숙해져서 흥미를 덜 가지는 경우도 많습니다.

그런데 대도시가 아니라 해도, 시간을 내서 과학관과 같은 기관에 직접 가지 않아도 전시관의 내용을 볼 수 있고, 전국 대회 수상 작품들도 볼 수 있답니다. 집에서도 할 수 있다고 하면 당연히 인터넷 사이트를 떠올리실 거예요. 하지만 어느 사이트에서 어떻게 볼 수 있는지 찾기가 쉽지는 않습니다. 그 팁을 지금부터 알려 드릴게요.

슬기로운 집콕 과학 생활을 위한 꿀팁

❶ 국립중앙과학관 (https://www.science.go.kr/mps)

국립중앙과학관 사이트에 가면 전시관에 관한 설명과 전시 내용을 모두 볼 수 있습니다. 전시관별로 가이드맵과 전시 내용들이 사진과 함께 모두 나와 있어요. 전시관을 가기 전에 미리 살펴보고 간다면, 관람 목적에 맞게 관람을 할 수 있습니다. 어떤 관에서 시간을 더 많이 보낼지 계획을 세울 수도 있지요. 그리고 다녀와서 전시되어 있는 내용들을 확인할 수 있기 때문에, 전시관에서 일일이 기록하지 않고 간단히 메모만 해 두고 돌아와서 확인해도 됩니다.

[전시관] 탭에서 확인할 수 있어요.

행사 및 교육 프로그램

국립중앙과학관에서 진행하는 행사 및 프로그램이 소개되어 있습니다. 한시적으로 열리는 특별전이나 참여하고 싶은 프로그램에 예약을 하고 참여할 수도 있답니다.

[특별전 · 행사] 및 [교육 · 예약] 탭에서 확인할 수 있어요.

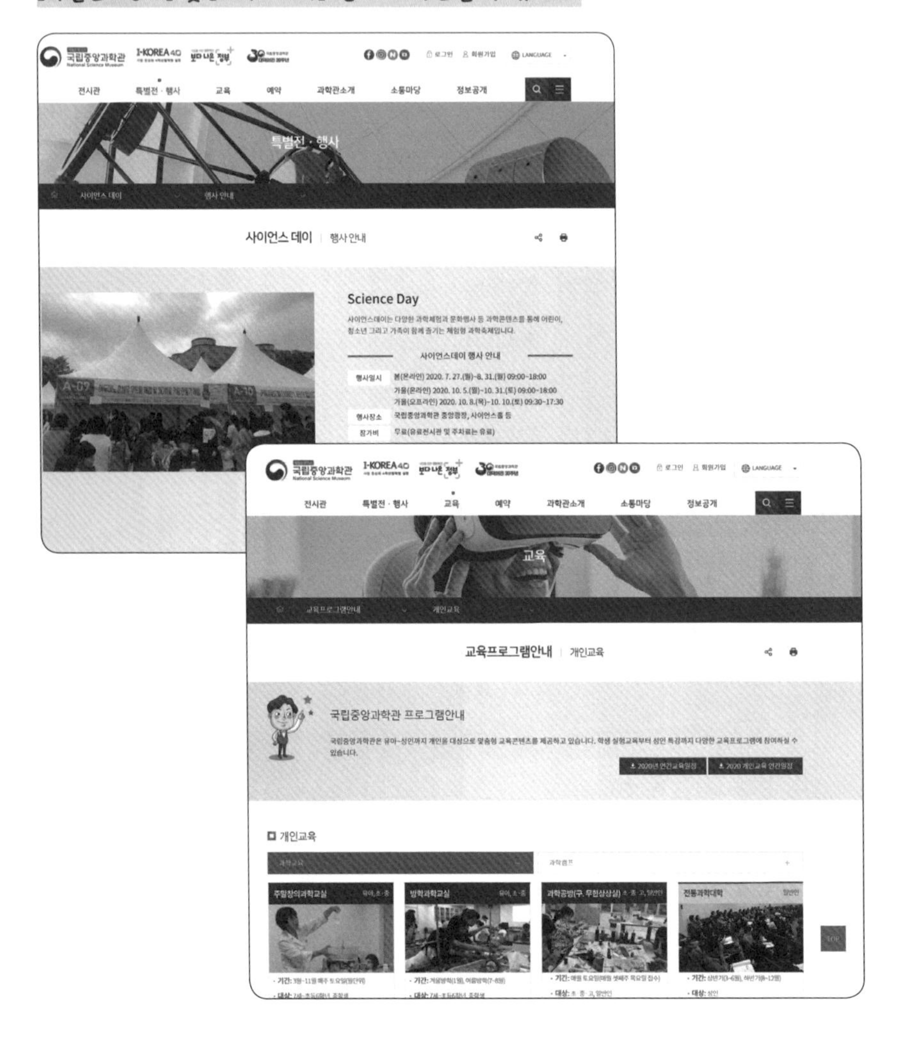

전국학생과학발명품경진대회 및 전국과학전람회

국립중앙과학관에는 전국학생과학발명품경진대회 및 전국과학전람회에서 수상한 작품들이 전시되어 있어 직접 가서 볼 수도 있고, 그동안 수상했던 작품들을 모두 찾아서 볼 수도 있습니다. 수상작들은 수상 후 일정 기간 동안만 전시가 되니, 기간을 잘 확인하고 가야 합니다. 직접 현장에서 눈으로 보는 것이 가장 좋겠지만, 이 모든 것을 직접 가지 않고도 확인할 수 있습니다.

[특별전·행사] 탭에서 확인할 수 있어요.

지금부터는 잘 알려지지 않아서 찾는 방법을 모르는 경우가 많은 정보를 찾는 법에 대해 좀 더 자세하게 설명하도록 하겠습니다. 이대로만 따라 하시면 됩니다!

[특별전·행사] 탭 아래에 있는 [발명품경진대회]를 클릭하세요.

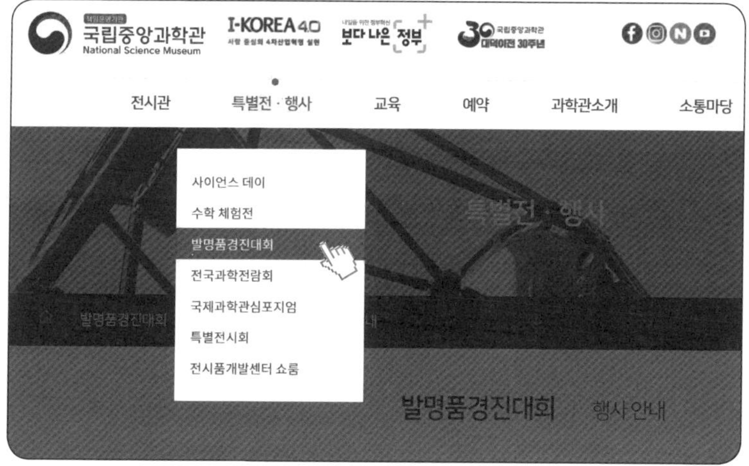

경진대회 통합검색

[행사 안내] 하부 탭에서 [경진대회 통합검색], 또는 본문에 [경진대회 통합검색]을 클릭하세요.

1979년부터 2019년까지 13,295건의 수상작들이 탑재되어 있습니다. 어마어마하지요?

그동안 수상한 발명품들이 모두 나와 있으니 내가 생각하고 있는 발명 아이디어가 있다면, 그와 관련된 키워드를 추린 다음 키워드 위주로 검색을 하면 됩니다. 그게 아니라면 최신 수상 작품들 제목 위주로 확인하면 됩니다.

발명품경진대회 | 경진대회 통합검색

전체 13,295건, 현재 페이지 1/1,330

제목 ▾ 분야선택 ▾ 수상선택 ▾ 검색어를 입력해주세요

번호	연도	분야	제목	지도교사	수상자
13295	2019	초등학교	'스스로 할 수 있어요!' 외출 도우리 옷걸이	이소영	박하늘
13294	2019	초등학교	1권의 책도 바로 세우는 신기한 책꽂이	노태준	서유종
13293	2019	초등학교	Every 안전가방덮개	이진억	박예찬
13292	2019	초등학교	Jo-easy 손가락 보호대	강경아	홍준서
13291	2019	초등학교	가림없이 보여주는 이야기책 mirror	조현주	최윤후
13290	2019	초등학교	벗기지 않아서 편리한 가방 안전 덮개	임승용	이재윤
13289	2019	초등학교	각도조절에서 자유롭고 매우 튼튼하게 고정된다. 꺾이고, 꺾이고, 꺾이고 다시 한 번 또 꺾이는 수직·수평 …	한승인	노재훈
13288	2019	초등학교	같이 뿌리는 소스통	신경환	문봉현
13287	2019	초등학교	거울 염색 빗	최혜정	유지원
13286	2019	초등학교	고무주름을 이용한 바닥 싹쓸이 로션통	박윤경	이혜나

예를 들어, 2019년 제41회 전국학생과학발명품경진대회 대통령 수상작을 한번 확인해 보겠습니다.

검색 탭 [수상선택]에서 [대통령상]을 선택한 다음 검색 버튼을 누르면 됩니다.

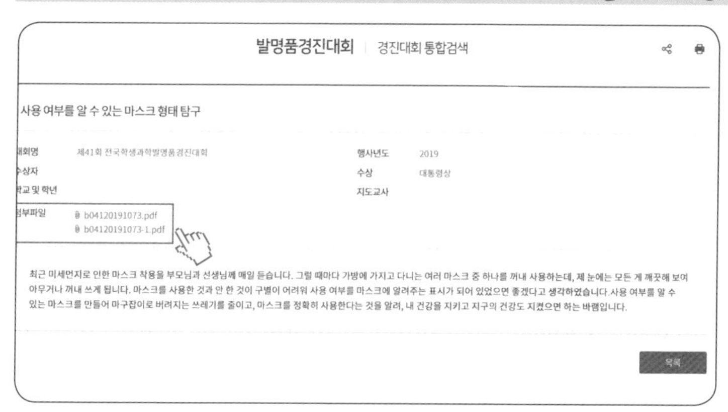

수상작에 대한 설명이 나오는데, 여기에서 중요한 것은 바로 첨부파일입니다.

첨부파일을 클릭해 보면, 하나는 제작 과정이 고스란히 담겨 있는 탐구보고서이고, 또다른 하나는 모든 과정을 1장으로 요약한 작품요약서입니다.

탐구보고서

Ⅰ. 작품 제작 및 동기

1. 제작 동기

TV에 나오는 산더미 같은 쓰레기에 입이 다물어지지 않는다. 또 좁은 골목길을 휠체어로 지나가다보면 구석에 마구 버려진 각종 쓰레기들을 보게 된다. 마음이 불편해서 인상만 쓰게 된다. 집에 돌아와 가방 정리를 하는데 구겨진 여러 개의 마스크가 눈에 띄었다. "사용한 건 버려라." 하나만 사용했는데 **모두가 구겨져 엉켜 있으니 어느 것이 사용한 건지 통 구별할 수가 없다.**

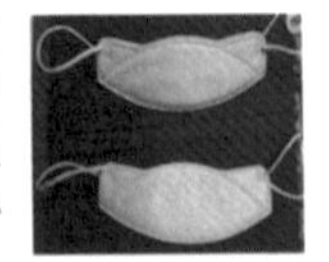
<사용한 마스크와 사용하지 않은 마스크 구별의 어려움>

"섞여 버렸으니 그냥 다 버려." 부모님 말씀을 듣고 마스크를 쓰레기통에 넣다 말고 골목을 돌아올 때 멀쩡한데도 버려진 쓰레기가 떠올랐다.

쓰레기 섬 같은 제주도와 비타민 포장지를 먹고 죽은 거북이의 모습이 떠올랐다. 한참을 고민하다가 나는 책상에 여러 마스크들을 펼쳐놓고 이걸 다 버리면 거북이를 아프게 한 게 마치 내 책임인 것 같아 내가 사용한 것만 버리려고 했다.

괜히 날씨 탓을 한다. 미세먼지의 나쁨과 좋음이 반복되니 아침에 썼다가 오후에는 안 쓴 마스크. 한참을 살펴보다 그냥 가장 많이 구겨진 걸 버리기로 결정했다.

마스크에 사용여부를 구분할 수 있는 표시가 있다면 좋을 거 같았다. 마구잡이로 버려 쓰레기를 늘리는 것보다 **정확히 사용해 내 건강을 지키고 함부로 버려지는 것을 막아 지구의 건강도 지켜졌으면** 하는 바람이다.

2. 작품 제작 목적

첫째, 건강을 지키려는 목적인 마스크로 **오염된 제품을 재사용을 방지**할 수 있게 한다.
둘째, **눈으로 확인**할 수 있음으로써 **1회용 마스크의 사용여부를 구별할 수 있는 정확한 기준**을 알 수 있게 한다.
셋째, 마스크를 정확히 사용하면 **무분별하게 생산, 남용되는 것을 줄일** 수 있다.
넷째, 여러 가지 형태로 만들어 기존 1회용 마스크에 부착해 사용하면 더 **경제적**이다.
다섯째, 헝겊 마스크에 응용해 사용되면 **헝겊 마스크를 더 위생적으로 사용**할 수 있게 될 것이다.
여섯째, 사용여부를 정확히 구분해 사용하고, 위생적으로 헝겊 마스크를 사용한다면 1회용 마스크 사용이 줄어들어 **환경오염 방지**에 큰 도움이 될 것이다.

출품번호
1073

제41회 전국학생과학발명품경진대회

사용 여부를 알 수 있는 마스크 형태 탐구

2019. 7. 31.

출품학생	
지도교원	
출품분야	초

차 례

탐구보고서에는 작품 제작 동기부터 결과 및 소감까지 30페이지에 달하는 내용이 수록되어 있기 때문에 발명의 전 과정을 살펴볼 수 있습니다. 또 어떠한 탐구 과정을 통해 발명작품이 나오게 되었는지도 확인할 수 있어요.

작품요약서

작품요약서에는 1장에 발명의 모든 과정을 담아내야 하므로, 핵심적인 내용만 담겨 있습니다.

작품명	사용 여부를 알 수 있는 **마스크 형태** 탐구		출품분야	초
			출품번호	1073
구 분	성 명	소 속(학교)		학 년(직위)
출 품 자				
지도교원				

1. 발명동기

최근 미세먼지로 인한 마스크 착용을 부모님과 선생님께 매일 듣습니다. 그럴 때마다 가방에 가지고 다니는 여러 마스크 중 하나를 꺼내 사용하는데, 제 눈에는 모든 게 깨끗해 보여 아무거나 꺼내 쓰게 됩니다. **마스크를 사용한 것과 안 한 것이 구별이 어려워 사용 여부를 마스크에 알려주는 표시**가 되어 있었으면 좋겠다고 생각하였습니다.

사용 여부를 알 수 있는 마스크를 만들어 마구잡이로 버려지는 쓰레기를 줄이고, 마스크를 정확히 사용한다는 것을 알려, 내 건강을 지키고 지구의 건강도 지켰으면 하는 바램입니다.

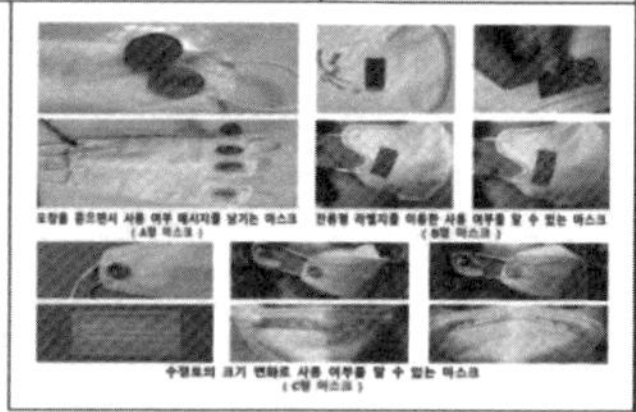

2. 작품내용

가. 작품요약(100자)

포장지를 뜯으면서 사용 여부 메시지(used 표시)를 남기고 남은 부분에 색이 변하는 염화코발트 종이를 혼합한 마스크(A형), 잔류형 라벨지와 염화코발트 종이를 활용하여 사용 여부가 이중 확인되는 마스크(B형), 시간에 따른 수정토의 크기 변화로 사용 여부를 알 수 있는 마스크(C형)를 제작하였습니다.

나. 작품의 원리 및 독창성

선행연구 조사 결과, **마스크의 사용 여부를 표시한 제품이 없었기에 이 점에서 독창성**이 있다고 생각합니다. 사용여부를 알 수 있는 다양한 형태의 마스크를 개발하기 위해 7차례의 탐구과정과 과학원리를 탐구하였습니다.

1) 온도에 따라 색이 변하는 시온물감의 과학적 원리를 이용하여 열변색 물감 마스크 제작을 시도하였습니다.
2) 산소와 반응하여 색이 변하는 갈변현상의 원리를 이용하여 마스크 제작을 시도하였습니다.
3) 이산화탄소, pH를 이용하여 자연의 지시약인 적색 양배추 즙을 추출하여 마스크 제작을 시도하였습니다.
4) 호흡으로 나오는 기체를 감지할 수 있는 가스 검지관을 이용한 마스크 제작을 시도하였습니다. 가스 검지관 크기와 용기(유리)의 문제점이 발견되어 검지관 크기와 용기의 종류를 변경한 제품을 개발할 계획입니다.
5) **물(수증기)에 닿으면 붉은색으로 변하는 푸른색 염화코발트 종이**의 과학적 원리를 이용하여 **마스크 사용여부를 눈으로 확인**할 수 있었습니다. 이같은 성질을 이용하여 이중 레이어마스크, 캐릭터마스크, 원형마스크 등 다양한 형태의 마스크를 개발하였습니다. 1회용스티커 형태로도 제작하여 기존의 헝겊마스크에 아이들이 좋아하는 무늬나 캐릭터로 부착할 수 있도록 만들었습니다. 염화코발트 종이의 특성상 수분에 노출되지 않도록 낱개로 개별포장 방법을 연구하는 과정에서 아래와 같이 **과학적 원리와 실생활의 아이디어를 결합**한 발명품을 제작하게 되었습니다. **포장지를 뜯으면 붙어있는 빨간색 스티커가 뜯어지면서 사용여부 메시지(used)가 표시**되고 **아래에 깔려있는 염화코발트 종이로 사용 여부를 이중으로 확인할 수 있는 마스크(A형 마스크)** 입니다.
6) 마찰력에 의해 특정성분이 분리, 특정문구(void 글자)가 잔류되는 과학적 원리를 이용한 **잔류형 라벨지를 염화코발트지에 붙여 사용 여부를 이중으로 알 수 있는 마스크(B형 마스크)**를 제작하였습니다.
7) 시간이 지남에 따라 크기가 점점 줄어드는 수정토를 관찰하고, 이를 다양한 케이스에 넣어 실험해 보았습니다. 이 실험을 바탕으로 **수정토의 크기 변화로 사용 여부를 알 수 있는 마스크(C형 마스크)**를 개발하였습니다.

다. 선행연구 조사 결과

특허정보서비스, 국립중앙과학관, 국내외 특허관련 선행기술 조사 결과, **관련된 선행기술은 없음.**

3. 제작결과

3가지 종류의 마스크 개발로 1회용 마스크 사용 여부를 알게 되어 마스크의 역할을 제대로 할 수 있게 함으로 해서 **마스크가 낭비되는 것을 막고, 무분별하게 생산되는 것을 줄일 수 있다**고 생각합니다. 발명에 사용한 재료인 염화코발트종이, 잔류형 라벨지, 수정토)는 모두 가격이 저렴하여 **경제성**이 높습니다. 그리고 독성이 없어 인체에 유해하지 않습니다. 무게가 가벼우며, 개별 부착 가능, 다양한 무늬와 디자인으로 제작이 가능하여 **활용도(실용성)**도 뛰어납니다. 제가 만든 작품이 1회용 마스크를 더 사용하게 부추기는 것이 아니라 **1회용 마스크가 수명이 있는 제품으로 건강을 위해 정확히 사용해야 한다**는 것을 알려주고 싶습니다. 나아가 불필요하게 버려지는 쓰레기를 줄여 지구와 환경을 지킬 수 있어 **사회적 기여**를 할 수 있다고 생각합니다.

보통 다음과 같은 순서대로 자료를 찾고 확인하는 것이 좋습니다.

1. 키워드 검색 등을 통해 관심 있는 분야의 자료를 다운 받는다.
   (탐구보고서와 요약서 모두)
2. 다운 받은 다음 파일 이름을 작품 이름으로 변경하여 파일을 정리한다.
3. 작품요약서부터 먼저 읽어 본 다음 내게 필요한 내용을 우선순위별로 정리한다.
4. 우선순위별로 탐구보고서를 살펴본다.

수상작품 설명 영상

탐구보고서와 함께 수상작품에 대한 설명 영상까지도 확인할 수 있습니다. 유튜브 전성 시대인 만큼 이 모든 영상이 공개되고 공유되어 있습니다. 예전에는 수상한 학생들의 발표 모습을 심사자만 볼 수가 있었지만, 이제는 누구나 볼 수 있는 세상으로 변했지요.

수상작품 설명 영상은 통합검색보다 찾기가 어렵게 되어 있습니다. [발명품경진대회] 카테고리에 들어와야 [수상작품 설명 영상] 메뉴를 확인할 수 있기 때문입니다. 수상작 설명 영상은 2017년도 작품부터 볼 수 있습니다.

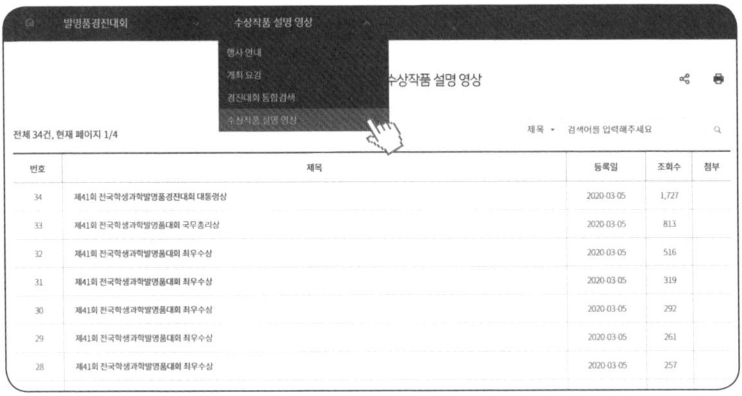
발명품경진대회
수상작품 설명 영상
행사 안내
개최 요강
경진대회 통합검색
수상작품 설명 영상
수상작품 설명 영상
전체 34건, 현재 페이지 1/4
제목
검색어를 입력해주세요
번호
제목
등록일
조회수
첨부
34
제41회 전국학생과학발명품경진대회 대통령상
2020-03-05
1,727
33
제41회 전국학생과학발명품대회 국무총리상
2020-03-05
813
32
제41회 전국학생과학발명품대회 최우수상
2020-03-05
516
31
제41회 전국학생과학발명품대회 최우수상
2020-03-05
319
30
제41회 전국학생과학발명품대회 최우수상
2020-03-05
292
29
제41회 전국학생과학발명품대회 최우수상
2020-03-05
261
28
제41회 전국학생과학발명품대회 최우수상
2020-03-05
257

❷ 에듀넷 티-클리어(http://www.edunet.net)

교육정보 포털이라고 할 수 있는 에듀넷 티-클리어는 교사, 학생, 학부모 모두가 사용할 수 있습니다. 학생들은 주로 e-학습터, 디지털교과서, 위두랑 등을 이용합니다. 새롭게 개편되면서 Hot-Clip, 인기 키워드, 모아보기 등 메인 화면에서 관심 있는 볼거리들을 제공하고 있어 과거에 비해 접근성 및 활용도가 높아졌습니다.

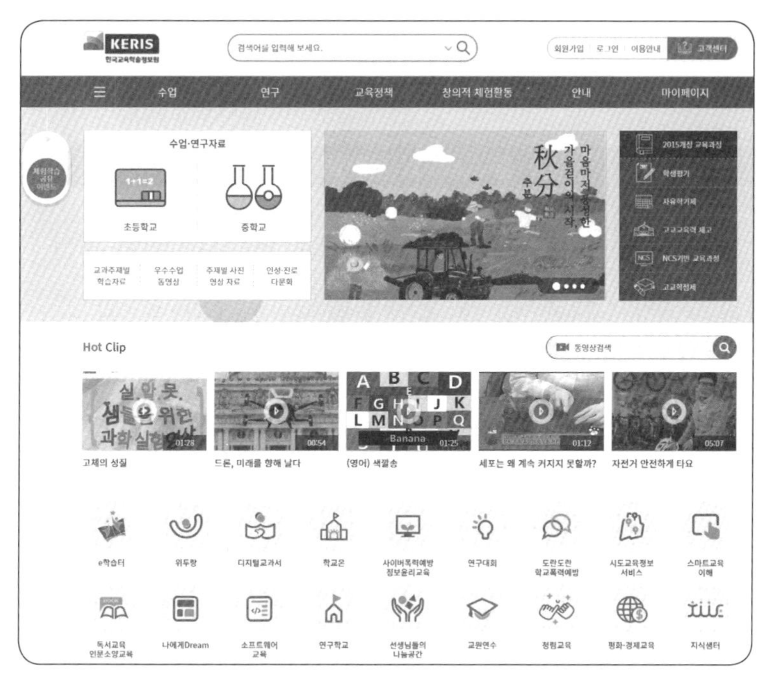

여기에서는 과학 관련 대회뿐 아니라, 모든 종류의 연구대회 정보를 찾아볼 수 있습니다. 그리고 소프트웨어 교육, 인문소양 교육 등 각종 교육 자료들도 탑재되어 있습니다.

그런데 교사만 이용 가능한 서비스가 많이 있습니다. 앞서 살펴본 과학전람회나 발명품경진대회와 같은 대회 정보들도 교사만 이용할 수 있도록 되어 있습니다.

연구대회 입상작 찾아보기

[연구]–[연구대회 입상작]에서 검색해서 찾아볼 수 있으며, 중앙과학관과 달리 초·중·고 학교급별, 연도별, 등급별, 대회별 검색이 가능합니다.

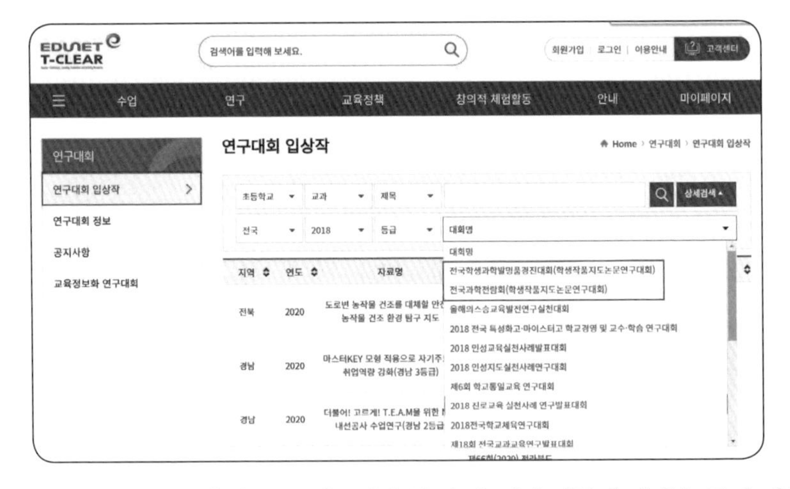

탐구보고서 등의 자료는 이곳에서 볼 수가 없기 때문에 검색을 통해 제목과 연도 등을 기록해 두고, 앞에서 소개한 국립중앙과학관 사이트에 들어가서 필요한 자료를 다운 받으면 됩니다.

EDUNET T-CLEAR

검색어를 입력해 보세요.

회원가입 | 로그인 | 이용안내 | 고객센터

수업 | 연구 | 교육정책 | 창의적 체험활동 | 안내 | 마이페이지

연구대회

연구대회 입상작

연구대회 정보

공지사항

교육정보화 연구대회

연구대회 입상작

Home > 연구대회 > 연구대회 입상작

초등학교 | 교과 | 제목 | 상세검색

전국 | 2018 | 등급 | 전국학생과학발명품경진대회(학생작품지도논문연구대회)

지역	연도	자료명	대회명	등급	학교급	교과	조회수
전국	2018	TRIZ(창의적 문제해결이론)를 적용한'뽑끼통 BOX' Maker 교육 연구지도	전국학생과학발명품경진대회(학생작품지도논문연구대회)	3	초등학교	과학	38
전국	2018	펀펀 실린더 미니 컬링게임 지도 연구	전국학생과학발명품경진대회(학생작품지도논문연구대회)	3	초등학교	과학	20
전국	2018	창의적 사고 기법과 SCAMPER 기법을 활용한 학생 발명품지도	전국학생과학발명품경진대회(학생작품지도논문연구대회)	3	초등학교	과학	21
전국	2018	함께 하는 초등학교 발명교육	전국학생과학발명품경진대회(학생작품지도논문연구대회)	3	초등학교	과학	15
전국	2018	또박 또박! 닥터 글씨체 지도방안 연구	전국학생과학발명품경진대회(학생작품지도논문연구대회)	3	초등학교	과학	12

❸ 서울특별시교육청과학전시관(https://ssp.sen.go.kr)

서울과학전시관은 과학체험학습장을 이용할 수 있으며, 학생교육 프로그램 및 과학경진대회를 진행하고 있습니다. 서울뿐 아니라 각 시·도에 이러한 과학전시관이나 과학교육원이 있고 비슷한 모습으로 운영되고 있으니, 아래의

내용들을 참고해서 자신과 가까운 지역의 기관을 이용하면 됩니다.

체험학습장

전시관별로 가이드맵과 전시 내용들이 사진과 함께 모두 나와 있습니다. 전시관을 가기 전에 미리 살펴보고 간다면, 관람 목적에 맞게 관람을 할 수 있습니다.

[체험학습장 안내] 탭에서 확인할 수 있어요.

학생교육

[학생교육] 탭에는 각 기관에서 실시하는 교육 프로그램에 대한 안내 및 신청방법이 나와 있습니다. 개별적으로 신청해서 참가하는 프로그램도 있고, 학교를 통해 참가하는 프로그램도 있습니다.

과학경진대회

[학생교육] 탭에서는 과학경진대회 자료도 확인할 수 있습니다.

공지사항을 통해서 대회 개최 요강 및 수상자 명단을 확인할 수 있으며, 입상작에서 대회에 참가하여 수상한 작품들의 내용을 확인할 수 있습니다. 중앙과학관이나 에듀넷과 달리, 서울 관내 학교에서 참가한 학생들의 작품들만 확인할 수 있습니다. 입상은 하였지만 전국 대회에 참가하지 못한 작품들도 볼 수 있으며, 이 중에도 상당히 우수한 작품들이 많이 있습니다. 이러한 방법으로 다른 지역의 과학교육기관을 통해 우수한 작품들을 발견하는 경우도 많이 있었습니다.

과학전람회 | 학생발명품경진대회 | 학생탐구발표대회

소속 ∨ 초등학교

총 120건 1/12

번호	수상등급	분야	작품명	출품자	소속	연도	직위	조회수
120	장려상	산업및에너지	압전소자를 이용한 에너지 하베스팅 책받침	유*연	서울용원초등학교	2019	학생	576
119	장려상	산업및에너지	우리집 풍력발전기 개발을 위한 최적의 날개 연구	김*오	경기초등학교	2019	학생	592
118	장려상	산업및에너지	에너지 절약을 위한 창문 가림막 소재, 계절별 비교…	임*민 안*지 곽*원	서울목운초등학교	2019	학생	624
117	장려상	지구 및 환경	얼굴 모양 마네킹을 이용한 마스크의 미세먼지 차…	최*연	서울도신초등학교	2019	학생	523
116	장려상	지구 및 환경	일회용 플라스틱 빨대를 대체할 수 있는 일회용 친…	정*진	서울송정초등학교	2019	학생	541
115	장려상	지구 및 환경	증발열을 이용한 자연냉방원리 탐구	김*후 김*승 조*겸	청원초등학교	2019	학생	254
114	장려상	생물	나팔꽃은 어떤 조건에서 더 잘 성장할까?: 햇빛, 영…	손*영	서울대곡초등학교	2019	학생	356
113	장려상	생물	발효 건조 한약찌꺼기를 비료로 사용한 식물의 성…	이*권	서울서원초등학교	2019	학생	294
112	장려상	화학	빨래 건조에 불리한 실내 환경에서의 건조 성능 향…	김*하	서울불광초등학교	2019	학생	344
111	장려상	화학	온도와 보관용기에 따른 건전지의 자기방전 정도…	이*준	서울목원초등학교	2019	학생	275

1 2 3 4 5 6 7 8 9 10 > >>

초등학생 작품만 보고 싶으면, 검색 탭에서 [소속]을 선택한 다음, 검색어를 '초등학교'라고 입력한 후 검색하면 초등학생 작품만 확인할 수 있습니다.

학생탐구발표대회

중앙과학관이나 에듀넷을 통해 과학전람회나 학생과학발명품경진대회의 작품들은 찾아볼 수 있지만, 또 다른 대회인 학생탐구발표대회와 청소년 과학탐구대회는 찾아볼 수 없습니다. 서울과학전시관에서는 학생탐구발표대회 입상작도 탑재해 두었기 때문에, 이곳에서 확인할 수 있습니다.

학생탐구발표대회는 참가할 수 있는 영역이 다른 분야를 제외하고는 과학전람회와 그 성격이 비슷하여, 서울의 경우에는 과학전람회 예선 대회의 성격으로 운영되고 있기도 합니다. 과학전람회는 주제를 자신이 직접 정하고 일정 기간 동안 자신의 탐구 과정을 발표하는 방식입니다. 반면 학생탐구발표대회는 대회 당일 또는 일정 기간 동안 주제를 내 주면 그 즉시 탐구 계획을 세우고, 실험을 설계한 후 결과를 도출하여, 이를 발표하는 방식으로 진행되기도 합니다. 주로 자연관찰대회가 당일에 주제를 주고 당일에 결과를 제출하는 방식으로 진행됩니다.

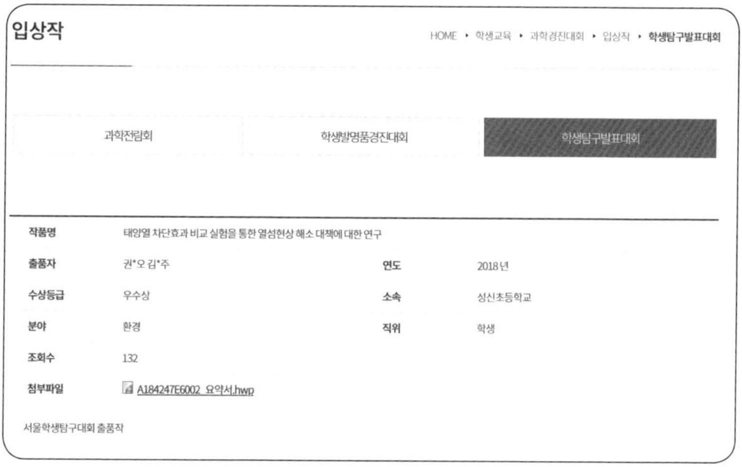

입상작

HOME ▸ 학생교육 ▸ 과학경진대회 ▸ 입상작 ▸ 학생탐구발표대회

과학전람회 | 학생발명품경진대회 | 학생탐구발표대회

작품명	태양열 차단효과 비교 실험을 통한 열섬현상 해소 대책에 대한 연구		
출품자	권*오 김*주	연도	2018년
수상등급	우수상	소속	성신초등학교
분야	환경	직위	학생
조회수	132		
첨부파일	A184247E6002_요약서.hwp		

서울학생탐구대회 출품작

첨부파일을 클릭하면 작품요약서를 다운 받을 수 있습니다.

이상과 같이 집에서 할 수 있는 슬기로운 과학 생활을 통해 생활 주변의 주제를 선택하여 스스로 탐구해 보고, 과학적 탐구 과정을 통해 문제를 해결하는 경험들을 해 보세요. 그러면 과학뿐 아니라 다양한 영역에서 창의적 역량과 자기 주도적 학습 능력을 키울 수 있고, 과학기술 분야의 진로 탐색 기회도 가질 수 있을 것입니다.

초융합 시대의 스팀 교육

"우리 선생님이 스팀 교육을 한다는데 스팀(STEAM)이 무엇인가요?"

"과학? 코딩? 스팀은 뭐가 다른 건가요?"

"스팀이란 용어 자체는 낯설지 않지만, 정확하게 무엇인지에 대해서는 모르는 분이 많습니다. STEAM은 과학(Science), 기술(Technology), 공학(Engineering), 인문 · 예술 (Arts), 수학(Mathematics)의 머리글자를 합하여 만든 용어에요. 과학기술 분야인 STEM에, 인문학적 소양과 예술적 감성 등을 고려하여 인문 · 예술(Arts)을 추가하여 만들어졌습니다. 즉, 스팀 교육이란 과학기술에 대한 학생들의 흥미와 이해를 높이고, 과학기술 기반의 융합적 사고력과 실생활 문제 해결력을 함양하기 위한 교육을 말합니다."

"과학기술과 인문 · 예술의 융합은 조금 생소해요. 어떻게 이루어지나요?"

"과학과 수학을 동시에 가르치는 건가요?

"STEAM 교육은 상황 제시, 창의적 설계, 감성적 체험의 3가지 요소로 구성되어 있습니다. 가장 먼저 이루어지는 것이 학습 내용을 학생 자신의 삶과 관련 있는 실생활 문제로 인식하게 하고, 몰입의 동기를 부여하는 상황 제시 단계입니다. 그 다음 학생들은 스스로 문제를 정의하고 창의적인 아이디어로 문제를 해결해 나가는 창의적 설계 과정을 경험하게 됩니다. 이후 다양한 경험과 성찰을 바탕으로 감성적 체험을 느낄 수 있습니다."

"집에서도 스팀 교육을 할 수 있나요?"

"옆집 아이는 스팀 학원에 다닌다던데, 우리 아이도 보내야 할까요?"

"스팀 교육의 궁극적인 목표는 세상에서 발견할 수 있는 현상과 대상에 대해 궁금증을 가지고 살아가는 태도를 기르는 것입니다. 다시 말해, 자신만의 새로운 것을 만들어 내는 재미, 발견해 내는 재미, 알아 가는 재미, 놀라움을 배워 가는 재미를 느끼는 것입니다. 굳이 학교나 학원이 아니어도 호기심과 열정만 있다면 스팀을 경험할 수 있지요."

"스팀 교육의 구체적인 방법이나 과정은 무엇인가요?"

"아이들에게 무엇을 알려 주어야 하나요? 어떻게 시작하면 되나요?"

"대부분의 스팀 학원에서는 스팀(STEAM)의 본질보다는, 주로 소프트웨어(SW)에 중점을 두는 경우가 많습니다. 학원에서 짜여진 스팀 프로그램이나 교육과정이 학생에게 도움이 될 수도 있겠지만, 이는 학문적인 부분에 불과하지요. 조금 더 직접적인 스팀 교육과 경험을 체험하기 위해서 가정에서도 아이와 함께할 수 있는 일이 많습니다. 어떤 논제나 문젯거리를 가지고 함께 신문 기사를 찾아 읽거나, 궁금한 것에 대해 의문을 제기하는 것이 그 첫 번째 단계입니다. 결과적으로는 필요에 의해 어떤 것을 만들거나 캠페인에 참여하는 등의 방법이 있지요. 이렇듯 스팀 교육은 실생활의 문제 해결력, 과학적 사고력, 인문학적 측면에서 모두 긍정적인 효과를 기대할 수 있습니다."

초연결, 초지능, 초융합의 제4차 산업 혁명 시대! 바로 우리가 현재 살아가고 있는 시대입니다. '초융합'이란 이름에서 알 수 있듯이 아주 많은 것들이, 어쩌면 세상의 모든 것들이 서로 구별 없이 하나로 합해지는 것을 말합니다. 여러 지식과 기술이 하나가 되는 세상에 살고 있는 아이들에게 융합적 사고력을 함양시키고, 과학기술 기반의 실생활 문제 해결력을 길러 주고자 하는 교육이 바로 스팀 교육입니다. 미래 사회에서 학생 개개인이 모두 주체가 되고 영향을 미칠 수 있는 발판이 되는 것이지요. 거창해 보이지만 결코 어렵지 않은 스팀 교육을 함께 시작해 봅시다.

이것만은 꼭!

스팀은 결코 어려운 것이 아닙니다. 이미 생활 속에서 우리는 스팀과 함께하고 있습니다. 우리가 사용하고 있는 작은 제품조차도 다양한 영역과 아이디어가 융합된 스팀의 산물이라 할 수 있지요. 아이들과 실생활의 문제들을 가지고 이를 해결하기 위한 아이디어를 생각해 보고, 간단한 모형이라도 좋으니 집에 있는 물건들을 이용하여 눈에 보이는 결과물로 한번 만들어 보세요. 그리고 별것 아닌 것 같아 보여도 아이의 생각과 만드는 과정을 칭찬해 주시는 것도 잊지 마세요!

학교에서 만나는 스팀 교육

2015 개정 교육과정 이후로 학교 현장에서는 '교육과정 재구성', '프로젝트 학습'이라는 말을 가장 많이 들어 왔을 것입니다. 교과서가 교육과정에 근거하여 지도할 수 있는 하나의 수단이 되면서, 진도 중심이 아닌 주제 중심으로 교육과정을 재구성하여 학생들에게 가르치기 시작하였습니다. 처음에는 형식과 실제가 달라 가르치는 데 어려움이 많았지만, 이제는 교육과정 재구성과 프로젝트 학습이 교사의 전문성이라 할 만큼 중요해지고 보편화되었지요.

여기서 말씀드리고 싶은 것은, 이미 학교에서는 교육과정 재구성을 통한 프로젝트 학습을 실시하고 있기 때문에, 이러한 프로젝트 학습을 의도에 맞게 충실히 수행하다 보면 스팀 교육도 자연스럽게 이루어질 것이라는 이야기입니다. 물론 현행 교육환경에서 모든 과목, 모든 시간을 프로젝트 학습으로 진행할 수는 없지만, 학기당 2~4회 정도 프로젝트 학습을 하고 있습니다. 그래서 가정에서 '교과서 진도가 왜 이렇게 뒤죽박죽이야?'라고 느껴지실 때, '지금 프로젝트 학습을 진행하는구나!'라고 생각하시면 됩니다.

지금부터는 제가 직접 학교 현장에서 진행한 스팀 수업을 소개해 드리도록 하겠습니다.

인공지능 스피커를 활용한 스팀 수업

4차 산업 혁명의 핵심 기술이라 할 수 있는 인공지능이라는 실생활 기술과 국어, 미술, 실과, 과학 교과목을 융합하여, 인공지능 스피커를 활용한 M.A.K.E.R. 프로젝트를 진행해 보았습니다.

인공지능 스피커 제작·활용을 통한 M.A.K.E.R. 프로젝트로 과학수업 배움의 공동체 만들기

1. STEAM 프로그램 개발 · 적용 교육과정

연번	차시	(중심과목) 2015 개정 교육과정 성취기준	(연계과목) 성취기준 영역
1	1~3/15	[6실05-06] 생활 속에서 로봇 활용 사례를 통해 작동 원리와 활용 분야를 이해한다.	(국어) [초등학교5~6학년] (4) 듣기말하기
2	4~7/15	[6과16-01] 뼈와 근육의 생김새와 기능을 이해하여 몸이 움직이는 원리를 설명할 수 있다. [6과16-02] 소화, 순환, 호흡, 배설 기관의 종류, 위치, 생김새, 기능을 설명할 수 있다.	·
3	8~10/15	[6실04-09] 프로그래밍 도구를 사용하여 기초적인 프로그래밍 과정을 체험한다.	(과학) [초등학교5~6학년] 너. 우리 몸의 구조와 기능
4	11~13/15	[6미02-03] 다양한 자료를 활용하여 아이디어와 관련된 표현 내용을 구체화할 수 있다.	·
5	14~15/15	[6국01-05] 매체 자료를 활용하여 내용을 효과적으로 발표한다.	·

2. STEAM 프로그램 총괄표(총 15차시)

차시	주요내용	
1~3 /15	**주제(단원)명**	[Meet] 학습비서 AI 메이커스 스피커 만나기
	Co 생활 속 AI 스피커 관심가지기 CD '학습비서 AI 메이커스 스피커' 만들기 ET AI 스피커 수업시작 환경 조성하기	
4~7 /15	**주제(단원)명**	[Arrange] 우리 몸과 관련된 자료 조사하기
	Co 우리 몸의 구조, 생리현상 등에 관심 가지기 CD 주제 선정 및 과학개념 조사하기 ET 주제 공유	
8~10 /15	**주제(단원)명**	[Key] 조사 자료 → AI데이터로 변화
	Co AI 메이커스 스피커 데이터 입력방법 익히기 CD 조사한 자료(우리 몸)를 AI 데이터로 변환하기 ET 문제 해결 방법 공유 및 보완하기	
11~13 /15	**주제(단원)명**	[Exhibit] AI 스피커 Learning 산출물 만들기
	Co 어떻게 하면 우리 주제에 대해 관심 가질 수 있을까? CD 주제에 맞는 LAP 산출물 만들기 ET 중간 발표하기(수정, 보완)	
14~15 /15	**주제(단원)명**	[Relation] 배움의 공동체 실현하기
	CD 각 모둠별 최종산출물로 과학 학습하기 ET 프로젝트 소감 나누기	

3. STEAM 프로그램 차시별 수업지도안

<table>
<tr><td>중심과목</td><td>실과</td><td>학교급/학년(군)</td><td>초등학교/6학년</td></tr>
<tr><td>중심과목 성취기준 영역</td><td>[초등학교 5~6학년] 마. 기술 활용</td><td>중심과목 성취기준</td><td>[6실05-06] 생활 속에서 로봇 활용 사례를 통해 작동 원리와 활용 분야를 이해한다.</td></tr>
<tr><td>주제(단원)명</td><td>학습비서 AI 메이커스 스피커 만나기</td><td>차시</td><td>1~3/15</td></tr>
<tr><td>학습목표</td><td colspan="3">생활 속 AI 스피커 사용사례를 알고 학습비서 AI 메이커스 스피커 만들기</td></tr>
<tr><td>연계과목</td><td>·</td><td>연계과목 성취기준 영역</td><td>·</td></tr>
</table>

<table>
<tr><td rowspan="5">STEAM 요소</td><td>S</td><td>· 과학과 생활 - 생활 속 AI 스피커 사용사례 알아보기</td></tr>
<tr><td>T</td><td rowspan="2">· AI 메이커스 스피커 만들기 및 시작환경 조성하기</td></tr>
<tr><td>E</td></tr>
<tr><td>A</td><td>· 제품의 디자인 고려하기</td></tr>
<tr><td>M</td><td>·</td></tr>
<tr><td colspan="2">개발 의도</td><td>『40조원 키즈 시장 트렌드는 AI 스피커 "교육도 맡겨라" 경쟁 치열』의 기사에서 알 수 있듯이 AI 스피커가 키즈 시장에서 새로운 트렌드로 떠올랐다. 어린이, 저학년의 학생들의 말동무가 돼 주는 것은 물론이고 음악 · 어학 · 백과사전 등 콘텐츠도 다양해 놀이부터 교육까지 만능 해결사로 자리 잡았기 때문이다. 'AI 스피커가 초등학교 고학년 학생들의 융합 수업에 어떻게 적용될 수 있을까' 라는 고민으로 이 주제에 대한 연구를 시작하게 되었다.
AI 메이커스 스피커는 조립형 인공지능스피커로 인공지능의 원리를 터득할 수 있다. 뿐만아니라 블록코딩을 이용하여 수집한 자료를 AI 데이터로 변경시키는 과정에서 정보의 수집, 가공, 처리 능력인 디지털리터러시역량과 컴퓨팅사고력을 증진시킬 수 있다.</td></tr>
</table>

· 생활 속 AI 스피커 관심가지기
· '학습비서 AI 메이커스 스피커' 만들기
· AI 스피커 수업시작 환경 조성하기

<table>
<tr><td rowspan="3">STEAM 학습준거</td><td colspan="3">상황제시</td></tr>
<tr><td>상황제시: 생활 속 AI 스피커 사용량 증가 및 사용사례를 확인한다. AI 스피커가 학습에 이용된다면 어떤 모습인지 예상한다.</td><td>창의적 설계: AI 스피커가 학습에 사용되는 모습을 공유하고 데이터 입력 가능한 AI 메이커스 스피커를 만든다.</td><td>감성적 체험: AI 메이커스 스피커 수업 환경을 조성하며 AI 스피커로 학습이 가능함을 인식하게 한다.</td></tr>
<tr><td colspan="3">감성적 체험</td></tr>
</table>

학습 과정	교수-학습 활동	학습자료 및 유의점
도입 (25분)	Co 생활 속에서 AI 스피커는 어떻게 사용될까? • AI 스피커 경험담 이야기 나누기 – AI 스피커를 사용해본 경험 발표하기 • AI 스피커 사용 영상 확인하기(1) 저출산 · 고령화가 심화됨에 따라, 지난해 우리나라는 노인이 전체 인구의 14%를 웃도는 고령 사회로 진입한 것으로 나타났다. 고령 사회가 됨에 따라 노인 관련 사회 문제가 많이 발생하고 있다. 〈인공지능 AI 홀로 사는 노인의 벗이 되다〉 〈생활 속 AI 스피커 사례 조사〉 이런 문제를 방지하도록 인공지능 스피커를 이용해 어르신들의 외로움도 달래고 일상생활도 돕는 방안이 추진중이다. 이 외에도 일반 가정에서 쇼핑, 음악 등에 사용되며 IOT와 결합하여 우리 생활을 편리하게 해준다. 그렇다면 학습에는 어떻게 사용될까? • 학습문제 알아보기 ♣ 학습비서 'AI 메이커스 스피커' 만들기 • 학습순서 알아보기 〈활동1〉 AI 메이커스 스피커 만드는 방법 익히기 〈활동2〉 AI 메이커스 스피커 만들기 〈활동3〉 AI 스피커 수업 시작환경 조성하기	1 생활 속 AI 스피커 사례 https://www.youtube.com/watch?v=_D1L1vo_M0o ※AI 스피커의 교육적 활용가치가 있음을 이해한다.
전개 (90분)	활동1 AI 메이커스 스피커 만드는 방법 익히기 • AI 메이커스 스피커 특징 알아보기 – KT에서 출시한 AI 메이커스 스피커의 특징을 조사한다. (블럭 및 텍스트 명령어를 사용하여 코딩 가능, AI 스피커 만들기 가능, AI 스피커의 원리 이해) • AI 메이커스 스피커 만드는 방법 확인하기(2 3) – 제작 영상을 보며 만드는 방법 활동지(3)를 작성한다. 활동2 CD 나만의 AI 메이커스 스피커 만들기 • 나만의 AI 메이커스 스피커 제작하기(4) – 작성한 활동지와 영상을 보며 AI 스피커를 제작한다.	2 제작 영상 3 활동지 4 AI 메이커스 스피커 부품

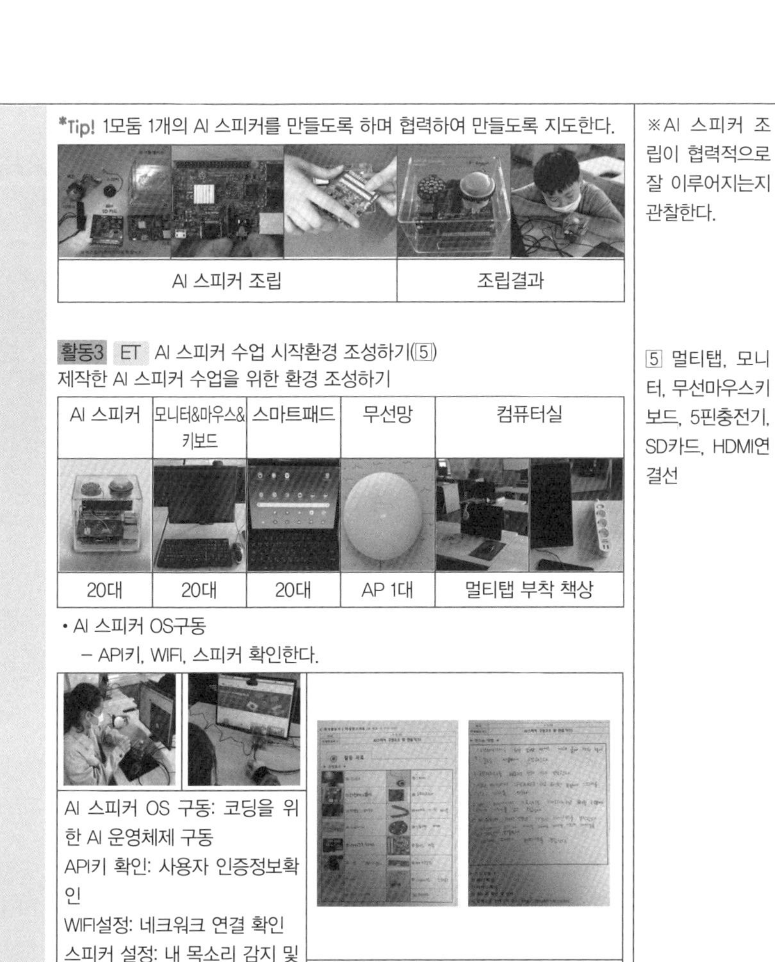

*Tip! 1모둠 1개의 AI 스피커를 만들도록 하며 협력하여 만들도록 지도한다.

AI 스피커 조립	조립결과

※AI 스피커 조립이 협력적으로 잘 이루어지는지 관찰한다.

활동3 ET AI 스피커 수업 시작환경 조성하기(5)

제작한 AI 스피커 수업을 위한 환경 조성하기

AI 스피커	모니터&마우스&키보드	스마트패드	무선망	컴퓨터실
20대	20대	20대	AP 1대	멀티탭 부착 책상

5 멀티탭, 모니터, 무선마우스키보드, 5핀충전기, SD카드, HDMI연결선

- AI 스피커 OS구동
  - API키, WIFI, 스피커 확인한다.

AI 스피커 OS 구동: 코딩을 위한 AI 운영체제 구동 API키 확인: 사용자 인증정보확인 WIFI설정: 네크워크 연결 확인 스피커 설정: 내 목소리 감지 및 음성 출력 확인	학생 활동지

*Tip! AI 메이커스 스피커 전용OS가 포함된 마이크로SD를 구입하면 OS를 설치할 필요없다.

단계	내용	비고
정리 (5분)	• 학습 내용 정리하기 – 생활 속 AI 스피커의 사례 이야기를 나눈다. – AI 스피커를 이용하여 학습하고 싶은 내용을 발표한다.	

<table>
<tr><td>중심과목</td><td colspan="2">국어</td><td>학교급/학년(군)</td><td>초등학교/5~6학년</td></tr>
<tr><td>중심과목
성취기준 영역</td><td colspan="2">[초등학교5~6학년] 가. 듣기 · 말하기</td><td>중심과목
성취기준</td><td>[6국01-05] 매체 자료를 활용하여 내용을 효과적으로 발표한다.</td></tr>
<tr><td>주제(단원)명</td><td colspan="2">배움의 공동체 실현하기</td><td>차시</td><td>14~15/15</td></tr>
<tr><td>학습목표</td><td colspan="4">AI 의사선생님과 우리 몸의 구조와 기능 알아보기</td></tr>
<tr><td>연계과목</td><td colspan="2">과학</td><td>연계과목
성취기준 영역</td><td>[6과16-02] 소화, 순환, 호흡, 배설 기관의 종류, 위치, 생김새, 기능을 설명할 수 있다.</td></tr>
<tr><td rowspan="5">STEAM
요소</td><td>S</td><td colspan="3">· 우리 몸의 구조와 기능, 질병 및 건강에 대해 학습하기</td></tr>
<tr><td>T</td><td colspan="3">· AI 스피커를 이용하여 과학 개념 학습하기</td></tr>
<tr><td>E</td><td colspan="3">· 데이터 입출력이 가능한 AI 스피커 사용하기</td></tr>
<tr><td>A</td><td colspan="3">·</td></tr>
<tr><td>M</td><td colspan="3">·</td></tr>
<tr><td>개발 의도</td><td colspan="4">모둠에서 정한 주제에 대한 빅데이터를 조사, 가공하여 만든 AI 의사선생님을 활용하여 우리 몸의 기능과 구조를 학습하도록 수업을 구성하였다. 모둠에서 만든 자료를 통해 함께 공부함으로써 배움의 공동체를 실현하고 효율적으로 학습목표에 도달하도록 한다.
우리 반 외에도 교내 학생들에게도 안내하여 수준 및 관심도에 따라 인공지능 스피커를 이용하여 과학개념을 이해하고 인공지능이 적용된 학습을 선체험하는 경험을 갖는다.</td></tr>
</table>

· 알고 싶은 분야의 AI 의사선생님 선별하기
· AI 의사선생님과 공부하기
· 소감 작성하기
· 다른 반 학생 안내하기

<table>
<tr><td rowspan="3">STEAM
학습준거</td><td colspan="3">상황제시</td></tr>
<tr><td>상황제시
우리가 만든 AI 의사선생님과 학습하고자 하는 의지를 다지고 학습하길 원하는 AI 의사선생님을 모둠별로 3~4개 선별한다.</td><td>창의적 설계
모둠별로 AI 의사선생님 부스를 설치한 후 선별한 3~4개의 주제 부스를 돌아다니며 학습한다.</td><td>감성적 체험
교내 다른 반 학생들이 AI 의사선생님과 함께 학습할 기회를 제공하며 학습방법을 안내하며 프로젝트를 마친다.</td></tr>
<tr><td colspan="3">감성적 체험</td></tr>
</table>

학습 과정	교수-학습 활동	학습자료 및 유의점
도입 (25분)	• AI 의사선생님 산출물 확인하기([1]) – 학생들이 직접 만든 AI 의사선생님의 모습을 보며 학습 의지를 다진다. • 모둠별 주제 선정하기 – 알고 싶은 주제 3~4가지를 정한다. • 학습문제 알아보기 ♣ AI 의사선생님과 함께 우리 몸의 구조와 기능을 알아보자. • 학습순서 알아보기 〈활동1〉 AI 의사선생님과 학습하기 〈활동2〉 AI 의사선생님 공유하기	[1] 영상 및 사진 자료
전개 (90분)	활동1 CD AI 의사선생님과 학습하기([2]) • 선별한 AI 의사선생님과 학습하기 – 모둠에서 선정한 AI 의사선생님과 대화하며 학습지에 배운 내용을 적는다. – 모둠별로 3~4개의 주제를 적는다. AI 스피커로 학습 / 결과 활동2 ET AI 의사선생님 공유하기 • AI 의사선생님 부스 설치([3]) – 중간놀이 시간, 점심시간, 방과후 시간을 이용하여 AI 부스에 참여하고 싶은 학생들을 모은다. – AI 의사선생님으로 학습하는 방법을 안내하고 수준 및 흥미에 맞는 AI 의사선생님과 학습하도록 이끌어 준다. AI 의사선생님 부스 운영	[2] 활동지(구상), AI 의사선생님 [3] AI 의사선생님(AI 스피커를 포함한 구조물) ※ 정확한 발음을 하여 질문하도록 안내한다.
정리 (5분)	• 인공지능 스피커 학습 프로젝트 결과 소감 나누기 – 위두랑에 접속하여 프로젝트 소감을 작성한다. – 서로의 소감을 발표하며 프로젝트를 마무리한다.	

4. 차시별 학생 평가기준 및 방법

차시	평가기준(성취기준)		평가방법	평가도구
1~3 /15	상	생활 속 AI 스피커 사용사례를 통해 작동 원리와 활용분야를 구체적으로 설명할 수 있다.	관찰평가 (자기평가)	관찰평가지, 활동지
	중	생활 속 AI 스피커 사용사례를 통해 작동 원리와 활용분야를 설명할 수 있다.		
	하	생활 속 AI 스피커 사용사례를 통해 작동 원리와 활용분야를 설명하는 데 어려움을 느낀다.		
4~7 /15	상	우리 몸의 구조와 기능, 질병과 건강 등 우리 몸과 관련된 개념을 적극적으로 조사하여 진로와 연관된 빅데이터를 만들 수 있다.	관찰 및 활동지 평가	자기/동료평 가지(학생용)
	중	우리 몸의 구조와 기능, 질병과 건강 등 우리 몸과 관련된 개념을 조사하여 빅데이터를 만들 수 있다.		
	하	우리 몸의 구조와 기능, 질병과 건강 등 우리 몸과 관련된 개념을 적극적으로 조사하여 진로와 연관된 빅데이터를 만드는 데 어려움을 느낀다.		
8~10 /15	상	AI 스피커(AI 메이커스 키트)의 프로그래밍 도구를 사용하여 우리가 조사한 빅데이터를 입력하는 프로그램을 논리적으로 코딩한다.	관찰평가 (자기평가, 동료평가)	관찰평가지
	중	AI 스피커(AI 메이커스 키트)의 프로그래밍 도구를 사용하여 우리가 조사한 빅데이터를 입력하는 프로그램을 코딩한다.		
	하	AI 스피커(AI 메이커스 키트)의 프로그래밍 도구를 사용하여 우리가 조사한 빅데이터를 입력하는 프로그램을 코딩하는 데 어려움이 있다.		
11~13 /15	상	다양한 자료를 이용하여 선정한 주제에 맞는 AI 스피커 Learning 산출물을 창의적으로 만든다.	포트폴리오 (산출물)	활동지 (구상도) 및 산출물 평가지
	중	다양한 자료를 이용하여 선정한 주제에 맞는 AI 스피커 Learning 산출물을 만든다.		
	하	다양한 자료를 이용하여 선정한 주제에 맞는 AI 스피커 Learning 산출물을 만들지 못한다.		
14~15 /15	상	AI 스피커를 활용한 학습 매체를 이용하여 우리 몸의 구조와 기능, 질병과 건강에 대하여 구체적으로 작성할 수 있다.	관찰평가 (자기평가, 동료평가)	자기/동료평 가지(학생용)
	중	AI 스피커를 활용한 학습 매체를 이용하여 우리 몸의 구조와 기능, 질병과 건강에 대하여 작성할 수 있다.		
	하	AI 스피커를 활용한 학습 매체를 이용하여 우리 몸의 구조와 기능, 질병과 건강에 대하여 작성이 미흡하다.		

5. 학교생활기록부 기재 예시

차시	학생부 기재 예시
교과학습 발달상황 세부능력 및 특기사항	(실과) 프로그래밍 도구(AI 메이커스 키트)의 다양한 기능을 이해 및 설명하고, 기초적인 프로그래밍 과정을 체험하며 나만의 학습프로그램 만들기 활동에 적극적으로 참여함. (실과) AI 메이커스 키트 프로그램을 활용한 코딩 활동에 적극적으로 참여하고 학습프로그램을 창출함.
	(미술) 결합, 분해, 강조 등 다양한 발상 방법으로 아이디어를 발전시키고, 이를 구체적으로 나타냄. (미술) 다양한 자료를 이용하여 선정한 주제에 맞는 AI스피커 Learning 산출물을 창의적으로 만듦.
	(국어) AI 스피커 기반 매체 자료를 활용하여 알고 싶은 주제를 효과적으로 발표함. (국어) 모둠원과 협력하여 알고 싶은 주제를 선정하고 주제에 맞는 자료를 조사함.
	(과학) AI 스피커를 이용한 산출물에서 우리 몸의 구조와 기능, 질병 및 건강을 설명함. (과학) 우리 몸의 구조와 기능에 대한 이해를 바탕으로 우리 몸을 소중히 해야 하는 까닭을 과학적 의사소통 능력을 발휘하여 토의하였음.
행동특성 및 종합의견	· 다양한 알고리즘 구조에 대한 이해도가 높고 AI 메이커스 키트를 이용한 블록코딩 활동에 흥미도가 높으며 메이커 능력이 매우 뛰어남. · 논리적, 절차적 사고력이 우수하고 문제를 해결하기 위한 다양한 생각을 잘 표현하며 문제해결을 위한 탐구 자세가 진지함. 문제를 창의적으로 해결하며 조별 학습에 참여하는 태도가 훌륭함. 새로운 현상과 기술에 대한 호기심이 크며 집중력이 좋고 학습 태도가 바른 편으로 활동에 적극적으로 참여함. · 지적 탐구심은 강하고 조립 활동 및 탐구 활동에 의욕적으로 앞장서 참여함. 창의적인 사고력이 요구되는 문제 해결을 잘 하며 상상력이 뛰어나 기발한 아이디어를 제시함으로써 다른 친구들에게 신선한 자극을 줄 때가 많음. · 주제에 어울리는 AI 스피커 배경을 구상하는 데 적극적으로 참여하며 AI 스피커 배경판을 창의적으로 제작하는 능력이 뛰어남. · 현상을 관찰하는 안목이 남다르며 문제해결의 접근방식이 사회에 기여할 수 있는 발전적인 방향으로 제시하고자 노력함. 정보기기를 활용하여 생각이나 사상을 표현하는 능력이 탁월하며 전달하고자 하는 주제를 효과적으로 전달하는 능력이 우수함. 자신이 만든 제품의 장점을 살려 홍보하는 과정에서 다른 사람들의 이목을 집중시키고 다른 사람들을 설득하는 능력이 우수함.

이것만은 꼭!

학교에서 하고 있는 프로젝트 수업(PBL) 그 자체가 스팀 교육이라고 할 수 있습니다. 하나의 주제를 중심으로 여러 교과의 내용을 통합하여 접근하기 때문에, 교과라는 한계에 매이지 않고 유연한 사고와 창의력을 발휘할 수 있지요.

2장

4차 산업 혁명 시대의 우리 아이 교육

학교에서 SW교육을 시작한다는데…

"선생님! 이제 곧 있으면 학교에서 코딩 교육인가 SW교육인가 한다고, 옆집 현지네 엄마는 코딩 학원이라는 걸 다니게 한다네요. 우리 아이도 뒤처지지 않도록 코딩 학원에 다니게 하는 것이 좋을까요? "

"선생님! 4차 산업 혁명 시대에 가장 중요한 것이 소프트웨어이고, 미래 시대에 맞는 인재로 키우려면 소프트웨어 교육을 반드시 해야 한다고 들었어요. 우리 아이에게 어떻게 해 주면 도움이 될까요?"

학교에 소프트웨어 교육(이하 SW교육)이 도입되기도 전부터 많이 들어온 질문들입니다. SW교육 선도학교 및 연구학교 운영을 거쳐 지금은 초등학교에서부터 고등학교까지 SW교육이 편성 및 적용되기 시작했고, 이제는 인공지능 교육에까지 확대되어 준비를 하고 있는 상황입니다.

그럼 우선 SW교육이 도입된 배경부터 알아보도록 하겠습니다. 2014년 SW 중심 사회 실현 전략 보고회를 기점으로, 미래 인재 양성을 위해 국가적 차원에서 SW교육의 필요성과 중요성이 논의되었어요. 그 후 2015년부터 전국의 초·중·고등학교에 SW교육 도입을 위한 선도학교 및 연구학교 운영이 시작되었습니다. 이전에는 이러닝, 스마트 교육이라는 이름하에 이루어지고 있던 정보화 교육의 패러다임이 바뀌는 계기가 된 것이지요.

코딩 교육과 SW교육은 같은 개념으로 사용되기도 합니다. 굳이 구분을 하자면, 코딩 교육은 C언어나 Java와 같은 프로그래밍 언어를 이용하여 프로그램을 만드는 방법을 교육하는 것을 말합니다. 이에 비해 SW교육은 코딩 교육을 포함한 컴퓨터를 다루고 활용하는 방법과 태도, 그리고 이를 활용하여 세상의 다양한 문제를 해결하는 과정까지 포괄하는 좀 더 넓은 의미로 생각하면 됩니다.

'4차 산업 혁명 시대의 중심에는 소프트웨어가 있다!'라는 말도 있듯이, 이미 우리 사회의 중심이 된 SW교육은 컴퓨터 과학의 기본적인 개념과 원리를 기반으로 다양한 문제를 창의적이고 효율적으로 해결하는 컴퓨팅 사고력(Computational Thinking)을 기르는 것을 목표로 합니다. 과학 교과에서는 과학적 사고력을 바탕으로 실생활의 문제 해결력을 기르는 것이 교과의 목표입니다.

그와 같이 SW교육에서는
컴퓨팅 사고력을 바탕으로 실생활의 문제 해결력을
기르는 것을 목표로 하는 것이지요.

그렇다면 초등학교에서 SW교육을 어떻게, 얼마나 배우게 되는지 한번 알아볼까요?

먼저, 초등학교 교육에서 이루어지는 SW교육은 소프트웨어 개발을 위한 컴퓨터 과학의 기본 개념과 원리를 이해하는 수준에서 이루어집니다.

얼마나 배우냐면, 5~6학년군 실과 교과에서 17차시, 추가로 더 배운다면 창의적 체험활동에 SW교육이 포함되어 그보다 조금 더 배울 수 있어요. 1년에 34주의 수업시수 중에서 매주 한 시간을 배운다면 34시간입니다. 그중 17차시는 주당 0.5시간을 배운다는 의미이고, 이것도 5~6학년에 걸쳐서 배우는 것이니 주당 0.25시간, 초등학교 전 과정에서 본다면 주당 0.083시간을 배우게 되는 셈이지요. 언론 및 주변에서 그렇게 중요하다는 이야기는 많이 들어왔지만 정작 학교 교육에서 배우는 비중이 얼마 되지 않다 보니, 학교 밖에서도 코딩 교육을 시켜야 한다는 주장을 펼치기도 합니다.

제가 어렸을 때는 한창 컴퓨터 학원이 유행이었습니다. 그때 배웠던 베이직, 코볼, 포트란 등의 내용들은 이해도 잘 되지 않았고 재미도 없었던 기억이 납니다. 그래서 3개월 정도 다니다가 그만두었지요. 하지만 그때 학원에서 컴퓨터를 다루는 방법을 배우게 되었고, 컴퓨터와 좀 더 친숙해진 덕분에 지금 학교에서 학생, 학부모, 교사들에게 SW교육을 하고 있으니, 어찌 보면 그 당시 배웠던 컴퓨터가 도움이 되지 않았나 해요.

컴퓨터 활용 교육을 하던 시대를 지나, 지금은 컴퓨터를 이용해서 거의 모든 업무가 이루어지는 시대가 되었습니다. 그러니 앞으로는 누구나 SW를 다루는 시대가 올 것입니다. 그리고 누구나 SW를 잘 활용하는 것에서 더 나아가 내가 원하는 대로 요리할 수 있어야 문제를 좀 더 창의적이고 효율적으로 해결할 수 있는 시대가 올 것이라 생각해요. 그럼 학원이라도 다니게 해서 더 배우는 것이 맞는 걸까요? 이 부분은 다음 장에서 좀 더 이야기하도록 하겠습니다.

소프트웨어 교육이란?

컴퓨터 과학의 기본적인 개념과 원리를 기반으로 다양한 문제를 창의적이고 효율적으로 해결하는 컴퓨팅 사고력을 기르는 교육

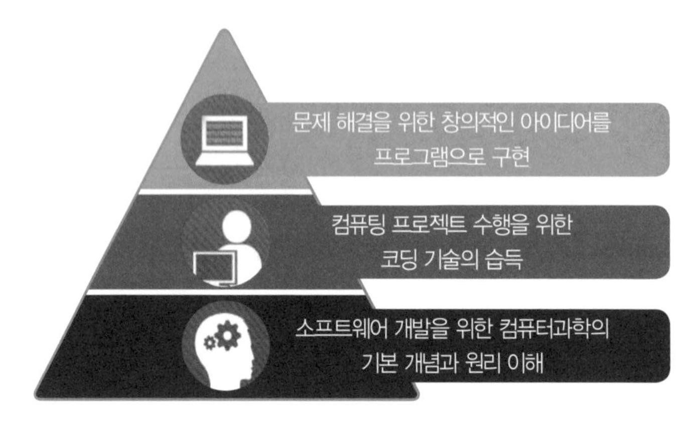

[출처 : 교육부(2016). 중등 SW교육 선도교원 연수자료(PPT)]

소프트웨어 교육의 적용 시기

교과목	적용 학년	적용 시기	비고
실과	5~6학년	'19	
정보	1~3학년	'18~'20	정보 과목 편성 학년에 따라 적용 시기 상이
정보	1~3학년	'18~'20	

소프트웨어 교육의 목표

컴퓨팅 사고력을 갖춘 창의·융합적 인재 양성

	초등학교	중학교	고등학교
교육 목표	• SW 기초 소양 함양	• 컴퓨팅 사고력 함양을 통한 실생활의 문제 해결	• 컴퓨팅 사고력 적용을 통한 다양한 학문 분야의 문제 해결
교육 내용	• 알고리즘 체험 • 프로그래밍 체험	• 알고리즘 이해와 표현 • 프로그래밍 기초	• 알고리즘 설계와 분석 • 프로그래밍 심화

[출처 : 에듀넷(2017). 2015 개정 교육과정 총론 연수자료(PPT)]

코딩 교육? 소프트웨어 교육? 우리 아이에게 시켜야 할까요?

"모든 사람들은 프로그래밍(알고리즘)을 배워야 합니다. 프로그래밍은 생각하는 방법을 가르쳐 줍니다." 혹시 누가 한 말인지 아세요?

"저도 아는 사람인 거 보니 아주 유명한 사람인 것 같아요. 힌트 좀 주세요."

"네, 아주 유명한 사람이 맞구요. '스마트폰의 아버지?'라고 하면 힌트가 될까요?"

"아! 스티브 잡스!"

코딩은 모든 문제에 대해
새로운 해결책을 생각하는 힘을 길러 줍니다.

- 마이크로소프트 창업자 빌 게이츠 -

만일 여러분이 코딩을 할 수 있다면 앉은 자리에서 무엇인가를 만들어 낼 수 있고 아무도 당신을 막을 수 없을 것입니다.

- 페이스북 CEO 마크 주커버그 -

코딩을 배우세요. 코딩은 당신의 미래일 뿐만 아니라 조국의 미래이기도 합니다.

- 44대 미국 대통령 버락 오바마 -

"모든 사람들은 프로그래밍(알고리즘)을 배워야 합니다. 프로그래밍은 생각하는 방법을 가르쳐 줍니다." 이 말은 애플사의 창업자이자 아이폰을 세상에 선보이며 스마트폰의 아버지라 불리운 스티브 잡스가 한 말입니다. 1976년 미국 실리콘 밸리의 작은 차고에서 '애플'이라는 컴퓨터를 직접 만들며 사업을 시작한 그의 이야기는, 40여 년이 지난 지금 먼 나라에 있는 우리들도 잘 알고 있는 이야기가 되었지요.

컴퓨터를 직접 만들 만큼 소프트웨어에 대한 이해 및 프로그래밍 능력이 뛰어난 스티브 잡스였지만, 정작 스마트폰을 최초로 고안한 사람은 펩시 콜라의 부사장이자 애플의 최고경영자이기도 했던 존 스컬리입니다. 아이폰의 마케팅을 위해 최고경영자가 된 스컬리는 애플을 소비자에게 확실하게 각인시키는 데 활약을 했고, 스마트폰의 설계도 직접 고안하였습니다.

물론 초기에는 지금의 스마트폰과는 거리가 멀었지만, 이를 포기하지 않고 끝까지 개선하고 개발한 끝에 아이폰이 탄생하게 되었어요. 프로그래밍 능력은 없었지만 그는 애플에 몸담게 되면서 소프트웨어와 기기(Device)와 기술(Tech)을 활용하여 어떤 일을 할 수 있을지, 특히 앞으로 사람들에게 필요한 것이 무엇일지 생각해 내는 인사이트가 있었던 것이지요.

아이폰의 탄생에는 소프트웨어 전문가인 스티브 잡스뿐만 아니라, 스마트폰의 기능을 고안한 존 스컬리도 있어야 했고, 아이폰의 외관을 디자인한 디자이너 등 많은 사람과의 협업이 필요했습니다. 하지만 그 중심에는 소프트웨어에 대한 이해와 활용 능력이 기반이 되어 있었겠지요.

이러한 문제 해결 능력은 단순하게
소프트웨어 교육 하나만으로 이루어지는 것이 아니라
전 교과와 창의적 체험활동, 그리고 생활 전반에 어우러져
종합적으로 길러지는 것입니다.

그렇기 때문에 프로그래밍 위주의 교육을 굳이 지금부터 배울 필요는 없습니다. 또 프로그래밍에 재능이 없다면 얼마 가지 않아 흥미를 잃기도 쉽습니다. 오히려 이러한 능력을 기르기 위해서는 담임 선생님이 교육과정을 재구성하여 준비해 놓으신 프로젝트 학습을 충실하게 수행하는 것이 더 유익하다고 말씀드리고 싶어요.

우선 학교에서 SW교육에 대해 배울 기회가 있다면, 학교 교육을 통해서도 충분합니다. 앞에서 말했듯이 문제는, 시간 수도 많지 않은 학교 교육과정을 통해 배우는 SW교육으로 충분한지 어떻게 알 수 있을까에 대한 것

이지요. 일단 아래와 같은 상황에 있다면 좀 더 SW교육을 하기에 좋은 환경이라고 할 수 있을 것 같아요.

첫째, 우리 아이가 다니는 학교가 SW교육 선도학교이거나 SW교육 연구학교를 운영하고 있다면, 다른 학교보다는 교육 기회가 많다고 할 수 있습니다. SW교육 선도학교는 5, 6학년뿐 아니라 전 학년에 걸쳐서 SW교육을 선도적으로 시도하고 있는 학교이기 때문이에요.

둘째, SW교육 전담 교사(또는 실과 전담 교사)가 있는지 확인해 보세요. 연수 및 교육을 통해 SW교육을 담당할 교사들을 많이 확보하고는 있지만, 여전히 모든 교사가 SW교육을 감당하는 것을 어려워하고 부담스러워하는 것은 사실입니다. 특히 담임 선생님이 실과 교과까지 지도해야 한다면 여간 부담스러운 것이 아니랍니다. 그래서 보통 전 학년의 SW교육을 전담하는 교사 또는 5~6학년 실과 교과를 담당하면서 SW교육을 담당하는 전담 교사를 두기도 하지요. 이러한 전담 교사가 있다면 좀 더 SW교육에 집중할 수 있는 좋은 환경이라 할 수 있습니다. 하지만 SW교육 전담 교사가 없는 학교가 더 많을 수도 있습니다. 이는 학교마다 전체 학급수에 따른 교과 전담 교사의 수가 정해져 있는데, 학년의 학급수에 따른 교과 전담 과목의 시수 배분과 학교의 여건에 따라 전담 교사가 배정되는 과목이 항상 변화하기 때문이지요.

셋째, 학교에 SW 동아리, 로봇 동아리, 메이커 동아리 등이 있다면 적극 참여시키세요. 동아리 활동들은 좀 더 자율적인 분위기 속에서 프로젝트를 중심으로 운영이 됩니다. 특히, 이와 같은 동아리들은 주로 SW를 기반로 한 프로젝트를 진행하는 경우가 대부분이기 때문에, 프로젝트의 목적과 방향을 잘 이해하고 이를 충실히 따라간다면, 소프트웨어에 대한 소양뿐 아니라 미래 역량을 기르는 좋은 기회를 만나게 될 것입니다.

넷째, 학교의 방과후 프로그램을 확인해 보세요. 우리 아이에게 좀 더 SW교육에 대한 경험을 쌓게 하고자 한다면, 학교 방과후 프로그램을 확인해 보세요. 학원과 교사마다 역량의 차이는 있겠지만, 초반에 배우는 내용은 큰 차이가 없습니다. 그래서 3~6개월 정도 다니면서 아이에게 프로그래밍에 대한 소질이 어느 정도 보이면, 학교 과제나 자신이 좋아하는 것을 프로그래밍을 통해서 제작해 보고 해결해 보는 다양한 시도들에 노출시켜 주세요. 소질이 보이지 않더라도 이는 마찬가지입니다. 이미 우리는 생활 속에서 SW의 도움 없이는 살아갈 수 없기 때문에, 자신이 좋아하는 분야부터 하나씩 연결시켜 가는 시도들로 안내해 주시면 됩니다.

다른 교과에 비해 SW교육은 학교에 이제 막 도입되었고, 주로 컴퓨터가 있는 컴퓨터실에서 이루어지기 때문에 제한 사항이 많습니다. 그래서 SW교육이 도입된 초기에는 컴퓨터나 로봇 교구 없이 일반 교실에서도 할 수 있는 언플러그드(Unpluged) 교육을 더 많이 하도록 강요 받기도 했답니다. 과학 수업을 위해서 과학실 및 각종 실험 도구가 필요하듯이, SW교육도 컴퓨터뿐만 아니라 무선 인터넷, 태블릿 기기, 피지컬 컴퓨팅을 위한 로봇 등의 인프라 확충이 함께 되어야 합니다. 그런데 이는 막대한 예산 투입이 필요한 일이다 보니, IT 강국인 우리나라에서조차 현실적인 한계가 여전히 많이 남아 있습니다.

어느 정도 시간이 지나면 더 안정화되겠지만, 지금 현재 초등학생 시기를 보내고 있는 아이에게는 어떤 방법으로 도움을 줄 수 있을까요?

- 지역 도서관 및 기초지방자치단체를 중심으로 무료로 SW교육을 하는 곳을 찾아보세요.
- 대학과 지역 기관에서 메이커 스페이스로 선정된 곳을 찾아보세요.
- 집 근처에서 SW교육을 받을 수 있도록 SW미래채움센터 및 디지털 역량센터가 본격적으로 세워지고 있으니, 주변에 있는지 찾아보세요.

주변에 이런 곳들이 없다면 어떻게 해야 할까요? 언제 어디서나 가능한 온라인 플랫폼을 이용하면 되겠지요. 웬만한 SW 관련 강좌는 유튜브 검색으로도 충분히 만날 수 있어요. 이를 통해 우리 아이가 유튜브를 좀 더 건강하게 활용할 수 있는 기회를 마련해 줄 수도 있습니다. 하지만 그럼에도 유튜브를 활용한 교육이 우려스럽다고 생각하시는 부모님께는 소프트웨어 놀자, EBS 이솝 등에 올라온 강좌를 추천해 드려요.

교육 관련 사이트에서 제공하는
다양한 강좌를 통해
SW교육을 먼저 접해 보세요.

좀 더 심화해서 배우고자 한다면 Edwith나 생활코딩(코딩야학), 칸아카데미(수학과 컴퓨터 과학은 한글화 되어 있어요) 등을 이용할 수 있어요. 또 소프트웨어 중심 사회의 포털에서는 소프트웨어 강좌뿐 아니라 소프트웨어에 관한 다양한 정보들을 찾아볼 수 있습니다.

주로 SW에 두각을 나타내는 인재들은 대부분 집에서 독학으로 배운 친구들이 많아요. 그만큼 인터넷을 통해 충분히 배울 수 있다는 뜻이겠지요. 이러한 경험들을 충분히 해 본 다음에도 부족함이 느껴지거나 더 배우고 싶다는 열정을 가지고 있다면, 그때 가서 코딩 학원의 문을 두들여도 늦지 않습니다.

이 나라 모든 사람들은
코딩을 배워야 합니다.
코딩은 생각하는 방법을
가르쳐 줍니다.

코딩은 모든 문제에 대해
새로운 해결책을 생각하는
힘을 길러 줍니다.

만일 여러분이 코팅을
할 수 있다면 앉은 자리에서
무엇인가를 만들어 낼 수 있고
아무도 당신을 막을 수
없을 것입니다.

코딩을 배우세요.
코딩은 당신의 미래일 뿐만 아니라
조국의 미래이기도 합니다.

다음 세대를 주도할 로봇과 인공지능

선생님! SW교육을 해야 한다며 학교에서 시작한 지 얼마 되지도 않았는데, 이제는 인공지능 교육도 해야 한다고 하네요. 인공지능 교육은 또 어떻게 해야 하는 건가요?

학교에서의 인공지능 교육은 아직 준비 단계에 있어요. 불과 2~3년 전에 SW교육을 해야 한다고 떠들썩했는데, 이제는 인공지능 교육까지…. '변화만이 변하지 않는 진리'라는 말이 새삼 와닿네요.

이제는 로봇과 인공지능이 선생님을 대신할 시대가 온다고 하는데, 곧 있으면 학교도 필요 없는 세상이 오지 않을까요?

맞아요. 교사가 단순한 지식을 가르치는 역할만 하게 된다면, 그 역할은 이미 로봇과 인공지능이 우리보다 더 잘하고 있어요. 단지 이를 활용한 교육 시스템이 아직 사회 전반에 구축되지 않았을 뿐인데, 멀지 않은 미래에 곧 현실화되지 않을까요?!

사람이 아닌 인공지능 로봇 교사가 아이의 담임 선생님이 된다고 상상해 보신 적 있으신가요? 아이의 학습 수준과 학습 속도에 맞는 개별화된 지도, 누구도 편애하지 않고 동등하게 지도하는 이상적인 선생님을 곧 만날 수 있을지도 모릅니다. 교사의 역할이 단순한 지식을 가르치는 역할이라면, 그 현실은 좀 더 빨리 이루어질 수도 있어요. 요즘처럼 비대면 수업이 장기화되고 일상이 된다면, 학교라는 공간은 사라지고 각자 자신의 집에서 가상현실 공간의 학교에 등교하여 선생님과 친구들을 만나고 그곳에서 학교생활이 이루어지는, 영화에서나 볼 수 있었던 장면이 우리의 현실이 될지도 모르지요.

SW교육을 해야 한다고 하여 이에 대한 대비를 시작한 지 얼마 되지 않았는데, 이제는 인공지능 교육도 해야 한다고 하네요. 2016년 알파고와 이세돌 9단의 바둑 대결은 인간을 능가하는 인공지능의 능력을 전 세계에 보여 주는 계기가 되었습니다. 우리나라에서는 2014년에 SW 중심 사회 실현이라는 국가 전략이 발표되었고, 5년 후인 2019년 12월에는 인공지능 국가 전략이 다음과 같이 발표되었어요.

"과거 산업화는 기계가 인간의 육체 노동을 대체하는 수준이었다면, 이제는 인공지능(AI)이 인간의 지적 기능도 수행하는 수준까지 발전하면서 직업군의 변화까지 가져오고 있다."

그리고 'IT 강국을 넘어 AI 강국으로!'라는 슬로건을 내세우며, AI 반도체 세계 1위, AI를 통한 삶의 질 세계 10위 도약을 목표로 삼았습니다. 이를 위해 전 생애, 모든 직군에 걸친 AI 교육 실시 및 세계 최고의 AI 인재 양성을 추진할 것을 선언하였지요.

인공지능 시대의 가장 큰 변화는 인간의 고유 영역이라고 믿어 왔던 '인지

노동'을 인공지능이 일부 대신할 수 있게 되었고, 그 영역과 분야를 점점 더 확장해 가고 있다는 것입니다. 이에 따라 산업 구조는 급속한 변화를 겪게 될 것이고, 수많은 직업이 사라지고, 지금 우리가 배우는 지식은 더 이상 필요 없는 새로운 직업이 생겨날 것이라고 많은 전문가들이 예측하고 있어요.

이미 진단의학에서는 인공지능이 인간 의사를 넘어서기 시작했고, 인공지능을 탑재한 자율주행 자동차는 도로를 달리고 있답니다. 유튜브나 넷플릭스를 시청할 때도 개인의 데이터를 기반으로 한 맞춤형 추천 서비스에 우리는 이미 익숙해져 있지요. 지금도 여러분이 가지고 있는 스마트폰을 향해 "오케이, 구글"이나 "빅스비!" 또는 "시리야~"라고 한번 불러 보세요. 그러면 금새 스마트폰 안의 인공지능 비서가 여러분의 부름에 응답을 할 거예요. 모두들 이를 활용해서 검색을 하거나, 노래를 들었던 경험이 있지 않나요? 이렇듯 우리는 이미 인식하지 못한 채로 인공지능의 도움을 받으며 살아가고 있으며, 심지어 우리가 사용하는 기술들이 인공지능이라는 것을 인지하지 못한 채 활용하고 있기도 해요.

이미 인공지능의 시대는 시작된 것입니다.

인공지능은 어느 날 갑자기 등장한 신기술 같지만, 사실은 꽤 오랫동안 발전되어 왔습니다. 컴퓨터가 나올 때부터 그 시작을 함께했다고 할 수 있어요. 1956년에 인공지능이라는 용어가 나온 이후로, 1970년대까지 인공지능 연구는 활발하게 이루어졌어요. 하지만 당시에는 컴퓨터의 성능도 지금처럼 좋지 않았고, 빅데이터라 할 만큼의 데이터 수집도 어려웠습니다. 하지만 이제는 컴퓨터 성능과 무선 인터넷의 발달로 이 모든 것이 가능하게 되었지요.

꽤 오래전부터 연구되어 왔기 때문에 이미 다른 나라에서는 인공지능 교육이 교과로 채택된 경우도 있고, 교과서를 개발하여 초등학교부터 인공지능 교육을 시작한 나라도 있어요. 그에 비해 우리나라 초등학교 교육과정에서는 독립된 교과가 아니라 실과 교과 내에 한 단원 정도로 존재하고 있는 것이 현실이에요. 이제는 독립된 교과로 SW와 인공지능 교육이 이루어져야 할 때가 아닌가 생각합니다.

사회에서도 인공지능 교육에 대한 수많은 이야기가 들려오고 있고 빨리 추진해야 한다고 하는데, 정작 교사와 부모들은 잘 알지도 못하는 인공지능 교육을 어떻게 해야 할지 걱정부터 앞서기 마련이지요. 그러면 학교에서의 인공지능 교육을 통해 우리 아이들은 어떤 것을 배우게 될까요? 가정에서 인공지능 교육을 한다면 어떻게 해야 할까요?

이는 앞에서 다루었던 SW교육과 맥락을 같이 합니다. 인공지능의 개념이나 지식들에 대해 배우거나, 인공지능 도구를 개발하는 코딩기술 교육이 되어서는 안 됩니다. 모든 학생에게 삼각함수나 열역학 제2법칙을 가르친다고 해서 이를 일생생활의 문제를 해결하는 데 사용하지도 않고, 심지어 그러한 것을 배웠는지 기억조차 못하는 사람이 더 많은 것처럼, 인공지능 관련 지식을 가르치려 하거나 배우려 한다면 교육에 실패하고 말 것입니다.

인간이 가진 문제를 인공지능을 활용하여
보다 창의적으로 해결할 수 있는 학습의 기회를 가지려면,
무엇보다 인공지능을 활용하는 흥미로운 경험을
해 보는 것이 가장 중요합니다.

그러면 우리 생활에 활용할 수 있는 인공지능 도구에는 어떤 것들이 있는지 찾아볼까요? 인공지능도 일종의 SW라고 할 수 있지만, 기존의 프로그래밍과는 다른 새로운 패러다임이라 할 수 있지요. 기존의 프로그래밍은 규칙을 만들고 규칙에 따라 처리될 데이터를 입력하면 해답을 출력해 주는 방식입니다. 반면 인공지능, 특히 머신러닝이라고 부르는 방식은 데이터와 이에 따라 기대되는 해답을 주고 거기서 일련의 규칙과 패턴을 찾아내도록 하는 것입니다. 계산기를 예로 들자면, 계산기는 사칙연산에 관한 규칙을 프로그래밍하여 수와 연산의 데이터를 입력하면 계산 결과를 보여 주지만, 머신러닝은 수많은 데이터와 해답을 주고 사칙연산의 규칙을 스스로 찾아내도록 하는 것이라고 할 수 있어요.

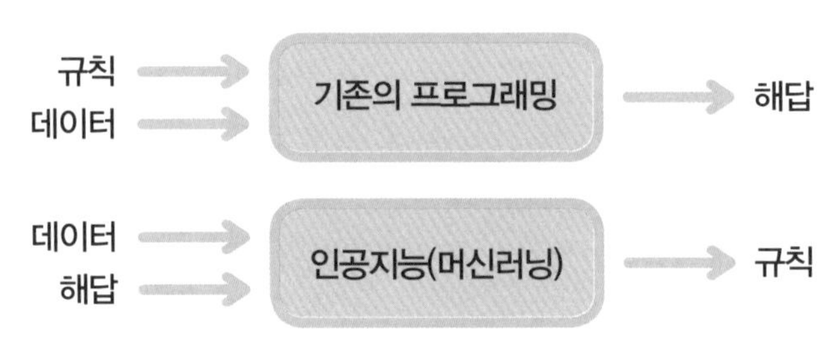

[기존의 프로그래밍과 인공지능의 차이]

물론 이때 머신러닝에 필요한 데이터는 빅데이터라 부를 만큼 엄청난 양의 데이터입니다. 과거에는 음성을 인식하여 언어를 번역하거나, 이미지를 분류하는 복잡하고 불분명한 상황은 처리하기 힘들었습니다. 그런데 인공지능은 프로그래머가 직접 만든 명령이나 규칙 대신 컴퓨터가 스스로 데이터를 인식하고, 자동으로 어떤 규칙이나 패턴을 학습할 수 있도록 하여 이러한 일들이 가능하게 되었지요. 나도 모르는 사이에 인공지능과 함께 살고 있는 아이들과 함께 우리 생활에 활용하고 있는 인공지능 도구나 서비스에는 어떤 것이 있는지 찾아보고, 함께 경험도 해 보기를 바랍니다.

이번에는 학교나 가정에서 활용하고 있거나 활용할 수 있는 인공지능 도구들에 대해 간단하게 안내해 보려고 합니다. 인공지능 도구에 입력을 위해 사용되고 있는 데이터는 크게 텍스트, 음성, 이미지 세 가지로 나눌 수 있습니다.

텍스트	파파고, 구글 번역 등의 번역 서비스, 챗봇 만들기
음성	인공지능 스피커, 스마트폰 음성인식 서비스, 인공지능 작곡 두들
이미지	Art & Culture, Art Selfie, Auto Draw, Quick Draw, Qanda(수학)

앱이나 웹에서 이용할 수 있으며, 챗봇 만들기를 제외한 나머지들은 검색을 통해 쉽게 해 볼 수 있어요.

그리고 직접 데이터를 입력하거나 프로그래밍을 하여 인공지능을 경험하거나 만들어 볼 수 있는 도구들도 있습니다.

엔트리	네이버 커넥트 재단에서 만든 교육용 프로그래밍 도구로, 현재 초등학교 SW교육에 가장 많이 사용되고 있으며, 최근 AI 블럭이 추가되어 AI 기능이 구현 가능해짐
스크래치	MIT에서 만든 세계 최초의 교육용 프로그래밍 언어로 텍스트가 아닌 블록 형태로 되어 있으며, 한국어를 비롯한 여러 나라의 언어로 번역이 되어 전 세계에서 가장 많이 사용되고 있는 교육용 SW도구
티처블 머신	데스크탑과 웹캠으로, 코딩 없이 이미지, 오디오, 자세 데이터를 입력하여 머신러닝 모델 학습에 대한 경험을 할 수 있음
머신러닝 포키즈	인공지능 모델이 만들어지는 과정을 직접 체험해 보고, 이 모델을 이용하여 스크래치, 앱인벤터 등으로 프로그래밍 할 수 있음
지니블럭	KT에서 개발한 블록형 인공지능 프로그래밍 도구로, 음성인식 스피커나 다양한 교구를 연결한 활동이 가능함

티처블 머신 외에는 조금 어려울 수 있지만, 마음만 먹으면 얼마든지 인공지능 도구를 경험할 수 있고, 이를 활용하여 나만의 인공지능 도구를 만들 수 있는 방법들이 있습니다. 우리 아이가 이미 엔트리나 스크래치와 같은 교육용 프로그래밍 도구에 대한 경험이 있다면, 그 안에 있는 AI 블록을 이용하여 어떤 프로그램을 만들 수 있을지 함께 이야기해 보세요.

이외에도 우리 주변에 인공지능이라는 이름을 달고 나온 서비스들이 많이 있습니다. 그중에는 아직 인공지능이 아닌데 인공지능인 것처럼 하는 서비스들도 있어요. 혹시 이러한 것이 내가 이용하고 있거나 원하는 서비스라면, 고객센터에 필요한 의견을 제시하는 등의 똑똑한 소비자 역할을 함으로써, 제대로 된 인공지능 서비스를 갖출 수 있도록 도움과 자극을 주는 일을 해 보는 것도 멋진 경험이 될 것 같아요.

정재승 교수는 「열두 발자국」이라는 책에서 인공지능 시대를 살아갈 두 가지 방법에 대해 이야기하고 있어요. 하나는 인공지능을 제대로 이해하여 필요한 곳에 잘 사용할 수 있는 인간이 되는 것이고, 다른 하나는 인공지능은 못하고 인간만 잘하는 것이 무엇인지를 파악해서 인간의 존재 가치를 보존하라는 것이에요.

정재승(2018). 열두 발자국. 서울: 도서출판 어크로스

이처럼 인공지능 시대에는
인공지능과 잘 지내는 방법을 찾거나,
인공지능이 할 수 없거나 하기 어려운 일을 찾아
나만의 전문성을 기르는 방향으로 진로를 정해야 합니다.

창의적인 문제 해결력과 함께 개인의 전문성은 해결할 가치가 있는 문제를 발견하는 안목과도 연결되기 때문이에요. 코딩에 대해서는 알지도 못했던 존 스컬리가 오늘날 사용하고 있는 스마트폰의 시초가 되는 모델을 고안할 수 있었던 것도, 새로운 영역의 지식과 경험을 기존의 자신의 것과 융합하여 새로운 연결을 만들어 낼 수 있는 개인의 전문성이 있었기 때문에 가능했던 것이라고 생각합니다.

특히, 초등학교 시절에는 다양한 경험을 자신의 것과 융합하여 새로운 지식과 연결을 만들어 갈 수 있게, 흥미로운 경험들을 많이 만들어 주세요. 앞에 소개했던 내용들을 가지고 우리 아이와 함께 하나씩 해 보는 것도 좋겠습니다.

이것만은 꼭!

이 글을 읽고 있는 지금도 인공지능 교육에 대한 이슈는 날마다 업데이트 되고 있습니다. 2025년부터는 초·중·고 정규 교과에 인공지능 교육을 도입하기로 결정이 되었으며, 이에 대한 교과서 및 학습 자료 개발이 시작되었습니다. 새로운 영역의 지식과 경험을 접할 때 두려워하지 않도록 다양한 경험의 기회를 만들어 주시고, 아이가 가지고 온 경험의 기회들이 있다면 함께 체험해 주세요.

6부
우리 아이
사춘기와
진로 이야기

1장

우리 아이 사춘기

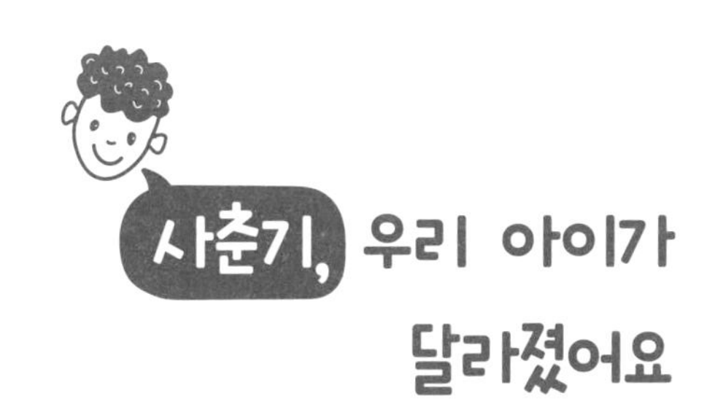

사춘기, 우리 아이가 달라졌어요

초등학생 부모님들, 혹시 자녀가 사춘기를 겪고 있나요? 사춘기는 보통 중학생 시기부터 시작된다고 알려져 있지만, 요즘은 아이들의 신체적 발육과 성장이 1~2년 정도 빨라지면서 사춘기도 초등학교 5~6학년에 오는 경우가 많아졌습니다. 좀 더 빠른 경우에는 사춘기가 4학년 때부터 시작되기도 하지요.

> 사춘기에는 신체적 변화뿐 아니라
> 정서적 변화도 크게 생기기 때문에,
> 아이 자신은 물론이고 부모님도
> 당황스러워하실 때가 많습니다.

부모님들도 예전에 사춘기를 겪으셨겠지만 이제 부모 입장이 되니 자녀의 사춘기가 걱정스럽고, 또 달라진 아이의 태도가 이해 안 되고 속상하고 서운한, 매우 복잡한 마음을 가지게 되실 거예요. 엄마와 아빠에게 착착 감기면서 살갑게 행동하던 아이가 갑자기 자기 방문을 잠그고 불러도 잘 안 나온다면, 부모의 마음은 무너집니다. '학교에서 안 좋은 일이 있었나?', 혹은 '친구랑 다투기라도 했나?' 하고 별의별 상상을 다하면서 걱정을 하게 되지요. 이전까지는 학교에서 있었던 일이나 친구 사이에 있었던 일들을 묻지 않아도 잘 이야기해 주던 자녀가 이제는 물어도 대답을 안 해 줘서 대화가 많이 줄어든다면, 우리 부모들은 아이에게 서운하고 섭섭한 마음까지 느끼게 됩니다.

그런데 이 정도는 사춘기가 아주 살짝 온 정도에 불과합니다. 우리 아이의 경우는 짜증이 많아졌고, 부모나 교사, 그리고 기성세대에 대해 불평과 불만을 자주 토로했어요. 엄마가 궁금해서 물어보는 말에는 "몰라." 또는 "엄마가 알 것 없잖아."라고 까칠하게 답하더니, 자기가 불만스러울 때는 불평을 늘어놓거나 큰 소리를 지르며 폭발적으로 화를 내더군요. 물론 아이가 이유 없이 그런 행동을 보인 것은 아니었습니다. 그 이유는 대개 엄마인 제가 꾸중이나 잔소리를 했거나, 아이에게 뭔가 불만스러운 일이 생겼기 때문이었어요.

문제는, 예전에는 엄마의 야단이나 훈계도 잘 들어 주고 순종적이었던 아이의 태도가 180° 달라졌다는 것입니다. 초보 엄마였던 저는 태도가 돌변한 아이에게 당황하기 바빴고, 속수무책이었어요. 사춘기에 대해 아이들도 준비가 안 되어 있지만, 우리 부모들 역시 아이의 사춘기를 받아들일 준비가 덜 되어 있는 경우가 많은 듯합니다.

그러면 아이들은 사춘기에 왜 이렇게 변할까요? 사춘기는 호르몬의 변화로 인해 신체적 성숙뿐 아니라 정서적 변화도 극심한 시기입니다.

언뜻 보기에 육체적으로는 키도 크고
어른과 상당히 비슷해 보이지만
정신적으로는 아직 미성숙한 상황이라서,
일관된 사고나 행동 패턴을 가지지 못하고
순간순간 충동적으로 행동하는 경우가 많습니다.

그래서 가끔 아이 자신도 아까 왜 그렇게 행동했는지 잘 모르기도 하고, 나중에 자신의 행동을 후회하기도 합니다. 옆에서 지켜보시는 부모님들도 아이의 돌변한 행동에 많이 놀라시고, 때로는 걱정과 실망, 분노까지 느끼실 것입니다. 단순히 '사춘기는 육체적·정신적으로 예민한 시기이다'라고만 이해하고 넘어가기엔 아이에게도, 부모님에게도 사춘기는 너무나 힘든 시기입니다.

우리 아이의 사춘기를 겪으면서
제가 느낀 바로는, 사춘기 아이의 가장 큰 특징 중 하나가
반항적 태도라는 것입니다.

아이가 자아에 눈을 뜨고 자기 주장과 자기 생각이 생기니까 여태껏 당연하게 받아들여 왔었던 부모의 양육 태도, 교사의 학생에 대한 태도 등에 이의를 제기하고 비판하기 시작하더군요. 그리고 이러한 부모와 교사로 대표되는 기성세대에 대한 비판적 태도가 반항으로 이어졌습니다. 아이가 비판적 사고를 할 수 있다는 것은 성장의 관점에서는 대단히 기뻐해야 할 일이지만, 사춘기 때는 이러한 비판적 사고가 부모와의 거리두기 혹은 반항으로 이어지는 경우가 많아 갈등을 초래하는 원인이 되기도 합니다.

사춘기 아이의 또 다른 특성은 남을 의식하는 태도인 듯합니다. 우리 아이의 경우는 남들이 모두 자기를 주시하고 있다고 생각했는지, 남들의 눈을 많이 의식하더군요. "엄마, 좀 조용히 말해. 엄마 목소리가 너무 커서 지나가는 사람들이 다 보잖아." 혹은 "길거리에서는 내 손 잡지 마. 내가 마마보이처럼 보이잖아" 하고 친구들은 물론이고 지나가는 타인의 눈까지 의식하는 모습을 많이 보였습니다.

이러한 특성을 긍정적으로 보면, 자기중심적 사고에서 벗어나 남도 의식하게 되는 것이고, 또한 자의식이 발달하여 남들이 자신을 어떻게 생각할까에 대해 관심을 갖게 되는 것이므로 건강한 성장이라고 볼 수 있어요. 그런데 이러한 태도가 지나친 외모에 대한 집착으로 이어지면서 부모와 마찰을 일으키기도 했습니다.

우리 아이는 사춘기 이전에는 엄마가 사 오는 옷을 별말 없이 잘 입고 다녔던 아이였는데, 중학생이 되면서 부쩍 옷과 머리 스타일 등의 외모에 신경을 쓰더군요. "이런 옷 좀 그만 사 와. 이런 옷 입고 나가면 친구들이 놀린단 말이야." 이러면서 엄마가 사 온 옷을 타박하는 날이 많았어요. 사춘기의 아이는 친구들이 자기를 어떻게 생각하는지, 지나가는 또래 이성들이 자기를 어떻게 볼 것인지에 대해 늘 의식하는 모습을 보였습니다. 여자아이들은 외모에 대한 관심이 높아지면서 화장을 하게 되더군요. 아침에 일어나서 학교 가기도 빠듯한데, 그 바쁜 시간에 화장을 하느라 학교에 늦는 상황을 보고 있으면 엄마들은 정말 속이 터집니다.

사춘기 아이들은 왜 이렇게 남의 눈을 의식하고 외모에 신경을 쓰는 것일까요?

사춘기 아이들이 외모에 신경 쓰는 이유는
또래 집단을 중시하는 태도 때문입니다.

아이들은 자기가 속한 친구 집단 내에서 동질감과 소속감 등을 느끼고 싶어 하는 욕구가 있어요. 그래서 친구들이 대부분 화장을 하면 자기도 해야 하고, 친구들이 대부분 힙합 스타일 옷을 입고 다니면 자기도 그런 옷을 입고 다니고 싶은 것입니다. 이 시기의 아이들에게 친구라는 존재는 부모 이상의 영향력을 끼치니까요.

아이들이 외모에 부쩍 관심을 갖는 또 다른 이유는 인정받고 싶은 욕구와 자기를 표현하고 싶은 욕구입니다. 자신의 존재감을 드러내고, 개성을 표현하고, 인정받고 싶은 마음에서 화장이나 머리 스타일, 패션 등에 신경을 쓰게 되는 것입니다.

이렇게 사춘기 때 달라진 우리 아이의 행동에는 나름의 이유가 있고, 그 속에는 복잡한 심리가 깔려 있습니다. 자녀의 행동에 당황해하시기 전에, 먼저 사춘기 자녀의 변화를 이해해 주고 수용해 주시는 것이 좋겠습니다. 우리 부모의 입장뿐 아니라, 우리 아이들의 마음까지 잘 이해해야 갈등을 줄이면서 이 시기를 잘 극복할 수 있습니다.

이것만은 꼭!

사춘기 자녀의 돌변한 태도에 놀라고 계신 부모님들이 많으시죠? 그렇지만 사춘기는 거의 모두가 겪게 되는 건강한 변화입니다. 우리 아이에게 사춘기가 온 것을 무턱대고 꺼려하시거나 두려워하실 것이 아니라, 무난하게 잘 겪을 수 있게 지지해 주시고 응원해 주시는 것이 좋겠습니다. 그러려면 우선 사춘기에 대한 이해가 필요합니다. 아이의 반항적 태도 속에는 비판적 사고가 자라고 있음을 엿볼 수 있지요. 또 남의 눈을 의식하고 외모에 신경 쓰는 모습 속에는 친구 집단을 중시하는 아이들의 문화와 소속감, 그리고 자기를 표현하고 싶고 인정받고 싶어 하는 심리가 있음을 이해해 주셔야 합니다.

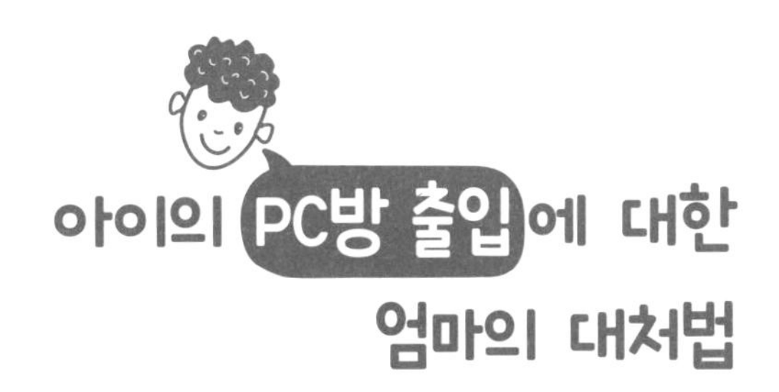

아이의 PC방 출입에 대한 엄마의 대처법

우리 아이 중2 때 여름방학 무렵으로 기억됩니다. 아이가 수학 학원에 간다고 나갔는데, 좀 있다가 학원에서 문자가 왔어요. 아이가 학원에 오지 않았다는 것입니다. 집, 학교, 학원밖에 몰랐던 모범생 아들이었는데, 그 시간에 학원이 아니면 도대체 어디에 가 있는 것일까요? 매사에 성실했던 우리 아이는 예전에는 단 한번도 이유 없이 학원을 빠진 적이 없었습니다. '학원 가다가 혹시 사고가 난 것이 아닐까?' '누가 우리 아이를 납치라도 해 갔나?' 불안한 마음에 온갖 상상을 다 하다가, 결국 도저히 집에 가만히 있을 수 없어서 아이를 찾아 나섰습니다. 아이가 갈 만한 곳을 생각하다가 혹시나 하는 마음에 동네 PC방을 가 보았어요. '설마, 우리 아들이….' 그런데 그 설마가 현실이 되더군요. 저는 PC방 한쪽 구석에서 게임을 하고 있는 아이를 발견하고 말았습니다.

지금이야 대학생이 된 우리 아이가 PC방 가는 것을 반감 없이 받아들이고 있지만, 그때는 아이가 PC방을 한번도 다닌 적이 없었기 때문에 처음으로 그 모습을 보고 정말 충격이 컸습니다. 하늘이 무너진다고나 할까요?

힘이 쭉 빠진다고나 할까요? 그 배신감과 실망감, 좌절감은 뭐라고 표현을 할 수 없을 정도였습니다. 세상 모든 아이들이 PC방을 가도 내 아이만큼은 가지 않을 거라고 믿고 있었거든요. 그 당시에 중학교 1~2학년 남자 아이들 대부분이 친구들과 어울리기 위해 PC방을 다니고 있었지만, 내 아이만은 가지 않기를 바랐습니다. 그런데 엄마를 속이고 학원까지 빠지면서 아들이 PC방에 앉아 있었지요. 저는 이런 장면을 상상조차 해 본 적이 없었기 때문에 아들의 행동이 도저히 용납되지 않았습니다.

엄마를 속인 것도 괘씸했고,
자식이 잘되길 바라는 마음에서
PC방을 멀리하라고 그토록 가르쳤는데
그런 엄마의 가르침과 믿음을 배신한
아들이 야속했어요.

또 한 번 PC방 출입을 하면 좀처럼 끊을 수 없음을 알았기에 절망감까지 느껴야 했습니다.

그날부터 저와 아이의 갈등이 심해졌어요. 저는 PC방 출입만은 막아야겠다고 생각하여 아이를 야단치고 훈계하면서 안간힘을 썼지만, 아이는 아랑곳하지 않고 몰래몰래 PC방을 다녔습니다. 제가 PC방을 그렇게까지 못 가게 했던 이유는, 공부와 게임은 함께 가기 힘들다고 생각했기 때문입니다. 게임에 몰입하면 공부에 방해가 되고 그러다 게임 중독까지 가게 되면 일상생활도 힘든 지경이 될 위험도 있어서, 무슨 일이 있어도 게임만은 끊게 하고 싶었어요. 중2 때까지만 해도 부모를 한껏 기대하게 만들었던 우수생이었기에, 아이가 게임을 끊고 다시 학업에 매진하기만을 바랐습니다.

그런데 이런 부모의 바람과 기대는 무참히 깨어지더군요. 제가 그토록 못 가게 해도 아이는 PC방을 끊지 못했고, 학업까지 소홀히 하게 되어 자신이 목표로 했던 고등학교에 입학하지 못했습니다. 그리고 아이는 고등학교에 올라가면 게임을 끊겠다는 약속을 했지만, 그마저도 얼마 가지 못해서 깨졌지요. 고1이 되고 3월 한 달 동안은 게임을 멀리하는 듯했어요. 그러다 고교 생활이 너무 고되고 스트레스가 쌓여서 PC방을 안 갈 수 없다는 핑계를 대고는, 다른 아이들이 야간자율학습 하는 시간에 우리 아이는 PC방에 앉아 있는 날들이 많았습니다.

초등학생 부모님들, 혹시 저처럼 아이와 게임 문제로 갈등을 겪는 분이 계신가요?

초등학생 자녀가 아직 사춘기는 아닌데
게임을 좋아한다면, 축구나 농구 등 스포츠 활동에 참여시켜서
운동에 재미를 붙이게 해 주세요.

축구 등 운동에 재미를 붙인 아이들은 게임을 훨씬 덜 하더군요. 그리고 매도 미리 맞는 것이 좋다고 하여, 아이가 원하지도 않는데 게임을 접하게 하는 등의 과잉 대응은 자제해 주세요. 아이가 일단 게임에 재미를 붙이면 끊기 힘듭니다. 그렇기 때문에 아이가 친구들과 어울리면서 자연스럽게 게임을 하게 되면 어쩔 수 없지만, 부모님이 미리 접해 보게 할 목적으로 게임을 아이의 손에 쥐어 주실 필요는 없다고 생각해요.

그런데 초등학생 자녀가 현재 사춘기를 겪고 있고, 게임에 몰입하는

그 시기의 대표적인 행동을 하고 있는 경우라면 부모님들께서 더욱 조심스럽게 접근하셔야 합니다. 먼저, 아이가 PC방을 다니고 있는지부터 확인하시는 것이 좋겠습니다. 우리 아이처럼 PC방 다니는 걸 엄마가 싫어하니까 몰래 숨기고 다니고 있는지, 혹은 게임은 좋아하지만 아직 PC방까지는 안 간 상태인지를 파악하시는 것이 필요합니다. 만약 부모님 몰래 PC방을 다니고 있다는 것을 확인하시면, 저처럼 그 자리에서 바로 불같이 화내며 아이를 야단치시지 말고 일단 눈감아 주세요.

이렇게 엄마가 아무런 야단도 안 치고 눈감아 주면, 아이는 엄마에게 암묵적으로 허락 받은 것으로 생각하고 더욱 거리낌 없이 PC방을 자유롭게 출입하지 않을까 걱정되시죠? 물론 그럴 가능성도 있습니다. 제 경험으로는 일단 아이가 한 번 PC방을 가면, 특별한 경우가 아니고서는 대부분 그다음에도 계속 가더군요. 처음 한 번이 무서운 법이잖아요. 두 번부터는 아주 쉽게 가게 됩니다. 엄마가 그 자리에서 혼내고 야단친다고 해서 이미 PC방을 다니게 된 사춘기 아이를 멈추게 할 수는 없더군요.

이런 상황에서 아이가 PC방에 앉아 있는 것을 목격한 엄마들의 선택은 두 가지 정도일 것입니다. 그 자리에서 바로 아이를 혼내고 밖으로 나오게 하거나, 화를 꾹 참고 집에 가서 아이를 기다리는 두 가지 선택이 있겠지요. 그 당시 저는 순간적으로 너무 충격을 받아서 화를 참지 못한 케이스의 엄마였어요. 저는 아이를 발견하자마자 다른 아이들이 다 보는 앞에서 야단치고, 게임 도중에 아이를 밖으로 나오게 했어요. 우리 아이는 수치심을 느꼈고 자존심 상해했습니다. 그런데 이런 수치심은 엄마 몰래 PC방을 간 자기 행동에 대해 느끼는 것이 아니었어요. 아이는 PC방이라는 공공장소에서 엄마의 고함 소리와 과한 행동에 수치심을 느꼈고 친구들 앞에서 체면을 구기게 되어 민망했던 것입니다. 아이들은 다른 친구들 앞에서 창피를 준 엄마에게 더욱 반항하게 될 가능성이 높아요. 못하게 하면 할수록 아이는 더욱 엄마 말을 안 듣고 반항하더군요. 그러다 보면 아이와의 갈등이 수습하기 힘든 정도까지 깊어집니다.

저는 PC방에 있는 아이를 처음으로 발견했을 때 제가 다른 선택을 했으면 어땠을까 하고, 가끔 그날 일을 떠올릴 때마다 저의 감정적인 대처에 후회를 하곤 합니다. 아이를 그 자리에서 야단치지 않고 참았다가 집에서 기다리고 있었더라면, 무작정 야단치는 것이 아니라 좀 더 유연하게 대처했더라면 더 좋지 않았을까 하고요. 만약 제가 타임머신을 타고 그 순간으로 돌아간다면 저의 선택은 달랐을 것입니다. 일단 집에 와서 아이를 기다렸을 거예요. 집에 온 아이에게 아무렇지 않다는 듯이, "요즘 네 친구들 중에 PC방 다니는 아이들이 많더라. 너도 다니고 있니?" 하고 부드럽게 물어볼 것입니다. 그리고 아이에게 네가 PC방 다니는 것을 엄마도 알고 있다는 걸 자연스럽게 알려 줄 거예요. 그러면서 게임에 너무 몰입하면 해로우니까 적절히 조절하고, 이제부터 PC방 갈 때 엄마한테 말해 달라는 짧은 말만 건넸을 거예요.

> 순간적인 분노를 참지 못했던 초보 엄마가 아니라,
> 아이를 품어 주고 기다려 주는
> 좀 더 여유 있는 엄마로 대처했을 것입니다.

아이가 PC방에 다닌다는 사실을 알고서도 엄마가 야단과 훈계 대신

유연한 자세로 수용적인 태도를 보여 준다면, 아이는 속으로 뜨끔해 할 거예요. '우리 엄마가 내가 PC방 가는 걸 알고 계시네.' 하고요. 그리고 한편으로 아이는 이런 마음도 가지게 될 것입니다. '다른 친구 엄마들은 PC방 간 걸 아시면 야단치고 화내고 그러시는데 우리 엄마는 참 쿨하시네!' 하고요. 그러면서 엄마에 대한 반감은 호감으로 변하게 됩니다. 적어도 엄마에게 반항하기 위해 더욱 엄마가 싫어하는 일을 하는 청개구리 같은 행동은 하지 않게 되지요.

게임이 정말 재미있어서 게임에 빠져드는 아이들은 엄마가 아무리 야단치고 못하게 해도 결국 계속하게 됩니다. 그런데 엄마가 여유 있게 허용 범위를 넓혀 주고 기다려 주면, 아이가 '그래, 나는 게임도 잘 못하고 게임에 소질도 없는데 이제부터 PC방은 조금씩만 가야겠어.'라고 생각하고 PC방에 덜 가는 경우가 실제로 많더군요.

아이가 사춘기에 접어들었거나 이제 막 PC방을 다니게 되어 당황하고 계신 어머니들, 어느 선택이 더 나아 보이세요? 저는 첫 번째 선택을 했던 엄마였고, 격한 반응과 함께 엄격한 대처를 했지만 아무 소용이 없었습니다. 오히려 아이와 사이만 나빠지고, 안 해도 되었을 감정 소모만 더 많이 했지요. 이러한 제 경험담이 어머니들의 선택에 도움이 되길 바랍니다.

이것만은

꼭!

사춘기 시기에 초등학생 남자아이들은 게임, 여자아이들은 SNS 등에 많이 몰입합니다. 초등 고학년만 되어도 학교나 학원 숙제 등 해야 할 공부가 많은데 게임이나 SNS 등에 빠져 있으면 곤란한 경우가 자주 있어서 부모님들과 마찰을 빚기도 하지요. 그런데 아이들은 부모가 못하게 하면 할수록 더욱 그것에 집착하게 됩니다. 허용의 범위를 넓혀 주면서 유연하게 대처하시면 아이와도 갈등을 덜 겪을 수 있고, 오히려 아이가 엄마 의견을 더 수용해 주는 경우도 있습니다. 사춘기에 접어들어 반항심까지 생긴 자녀에게는 강경책보다 유화책이 훨씬 더 효과가 있음을, 저의 뼈 아픈 시행착오를 통해 분명히 말씀드릴 수 있어요.

우리 아이가 변한 것 같을 때

"우리 아이가 언제부터인가 말을 잘 안 해요. 원래는 친구 얘기, 학교 얘기, 학원 얘기 할 것 없이 가족끼리 수다도 많이 떨었는데…."

"예전엔 먼저 외출하자고 조르더니 이제는 집에서 얼굴 보기도 힘들어요. 방에서 도통 나오질 않으니 가끔은 참 답답해요."

"아이가 예민해진 걸 보니 사춘기 같아요. 툭하면 짜증 내고 사소한 것에도 화를 내고…. 첫 아이라 다른 아이들도 다 이러는 건지 궁금해요."

고학년이 될수록 아이는 혼자 있으려고 하는 시간이 많아지고, 가끔은 이해하기 어려운 행동들을 하곤 합니다. 이전과 다르게 말수가 무척 적어지고, 예민해지고, 뭔가를 숨기려는 행동들을 반복적으로 보일 때, 우리는 '사춘기구나!'라고 직감적으로 생각하게 됩니다. 예전엔 사소한 것도 함께하려 하고 내 말을 잘 따라 주던 아이였는데 언제부터인가 멀어지는 느낌, 때로는 거부당하는 느낌까지 받기도 하지요. 예전에 사춘기를 겪고 있는 아이의 어머니와 상담을 한 적이 있습니다. 6학년이 되자 갑작스레 변해 버린 아이의 행동들로 인해 당황스러워 하셨고, 걱정을 하고 계셨어요.

"△△가 변한 것 같아요, 선생님."

"어떤 점에서 변했다고 느끼셨나요?"

"말을 잘 안 해요. 학원 갔다 오거나 친구랑 놀다 집에 오면, 뭐라 말할 새도 없이 자기 방에 쏙 들어가 버려요. 피시방이나 오락실도 자주 다니는 것 같고…. 예전에는 안 그랬거든요. 학교 얘기도 많이 해 주고, '오늘 누구랑 뭐 했다. 어땠다.' 이런 거에 대해 잘 이야기해 주었어요."

"그렇군요. 어머니께선 △△의 행동이 바뀐 이유가 뭐라고 생각하세요?"

"사춘기요. 사춘기지요, 6학년인데…."

"소통도 잘 되지 않고 이전과는 다른 모습으로 인해 때로는 속상하고 답답하신 마음 충분히 공감해요. 말씀하신 것처럼 대개 6학년 아이들은 사춘기를 경험하지요. 사춘기는 청소년들이 경험하는 자연스러운 성장 과정이니까요."

"이해하려고 해도 솔직히 너무 답답해요. 이대로 계속 마음이 맞지 않으면 어쩌나 하는 걱정도 들어요. '이 질풍노도의 시기가 과연 잠시일까?' 하고요. 앞으로도 계속, 아니 오히려 지금보다 더 어긋나게 되면 어떡하나 하고 고민이 돼요."

"맞아요. 그러한 행동들이 그저 이유 없는 반항으로 느껴지실 수도 있을 것 같아요. 하지만 어쩌면 더 혼란스러운 건 △△일지도 몰라요. △△ 스스로가 온전한 주체가 되는 세계를 막 경험하기 시작한 거잖아요. 이전까지 수동적으로 주변 환경에 순응하던 △△가 이제는 스스로 생각하고 결정하는 사람으로 자라나는 과정을 겪고 있는 것이지요. 그러다 보니 부딪히는 부분들은 더 많이 생기겠지만, △△가 '어? 이게 맞나?', '내 생각은 조금 다른데?' 하며 자신의 의지를 가지고 말이나 행동을 하게 되었다는 점에 포커스를 맞춰 주세요."

"어떻게 해야 할지 잘 모르겠어요."

"△△가 그은 선을 지켜 주는 거예요. 간단해요. 서로를 존중하고 이해하는 거지요. 억지로 파고들거나, 캐묻거나, 제재를 가하는 게 누구를 위한 건지 깊이 생각해 보는 시간도 필요해요. 아이가 그은 선이 가끔씩 야속할지라도 지켜 주어야 할 때라고 생각해요."

"그걸 아이가 무관심으로 받아들이면 어쩌죠? 그래서 더 어긋나기라도 하면…."

"사춘기를 겪는 아이를 그저 내버려 두라는 건 절대 아니에요! 사춘기는 인지적인 부분뿐만 아니라 정서적으로도 큰 변화가 일어나는 시기예요. 그만큼 감수성이 풍부하고 예민하지요. 누구든 내 마음과 똑같지 않다는 것, 기준이 결코 같지 않다는 걸 명심할 필요가 있다는 의미였어요. 나의 의도와는 다르게 어떤 때는 부담으로, 어떤 때는 서운함으로 느낄 수도 있기 때문이지요."

"△△가 제 마음을 알아 주면 좋겠는데…. 성장의 한 페이지라 생각하고 마음을 가볍게 해야겠어요."

우리 아이가 어느 날부터인가 변한 것 같을 때, '사춘기가 온 걸까?'라는 생각이 든다면 살짝 물러나서 잘 지켜봐 주세요. 자신의 정체성을 찾아 떠나는 우리 아이의 여정을요!

이것만은

꼭!

늘 함께 즐거움과 고민을 나누던 우리 아이의 말수가 확 줄었을 때, 어느 날부터 눈을 맞추지 않을 때, 좋아하는 음식을 잘 먹지 않을 때, "싫어." 또는 "아니. 내가 알아서 할게."라는 말이 늘어났을 때, 우리는 '얘가 지금 사춘기를 겪고 있나?' 하는 생각이 듭니다. 처음 보는 모습들에 잔소리는 더욱 늘어나게 되지요. 하지만 아이에게는 시간이 필요합니다. 복잡하고 혼란스러운 마음을 스스로 정리하고 판단하는 시간이요. 이는 번데기에서 나비가 나오듯, 마냥 어린아이였던 우리 아이가 어엿한 개인으로 자라나는 성장의 과정입니다. 소통의 부재가 때로는 답답하고 화도 나시겠지만, 그럴수록 더 따뜻하고 다정하게 아이를 품어 주세요. 사실은 아이도 많이 당황스럽고 힘들답니다. 생각지도 못한 의외의 곳에서 아이가 큰 상처를 받을 수도 있다는 것을 알아 주세요. 가끔씩은 그러려니 하며 물러나 주시고, 아이와의 감정 대립과 자존심 대립은 꼭 피해 주세요.

친구처럼 편하게 지냈던 6학년 아이가 졸업한 지 2년 만에 저를 찾아왔습니다. 예전에도 스스럼없이 진솔한 이야기를 많이 나누곤 했었는데, 자신의 자아나 성격, 진로에 대해 깊이 생각할 줄 아는 아이였어요. 오랜만의 만남에 즐겁게 서로의 근황 이야기를 나눈 것도 잠시, 이내 아이의 표정이 어두워지더니 저에게 고민을 털어놓기 시작했습니다.

"선생님! 선생님 자식은 좋겠어요."

"응? 왜?"

"선생님은 화 같은 거 잘 안 내시잖아요. 저희 엄마랑 아빠는 맨날 저한테 짜증 내요."

"○○이 부모님께서 언제 주로 화를 내셔?"

"맨날이요. 저는 제 마음대로 하지도 못해요. 제 물건도 이래라저래라, 친구 만나는 것도 이래라저래라…. 사사건건 간섭하는 거 너무 싫어요."

"○○이가 간섭이라고 느꼈다면 마음이 무척 답답했을 수도 있었을 것 같네. 하지만 부모님께서도 더 잘되길 바라는 마음에 하시는 말씀들이 아니었을까?"

"그래도 제 인생인데 다 엄마, 아빠 마음대로 하려고 해요. 저도 다 알아서 할 수 있는데."

"그랬구나. ○○이 어느새 스스로 선택하고, 결정하고, 책임질 수 있는 사람이 된 거야? 대단한데?"

"아니에요. 그 정도는 아닌데…. 뭐라고 해야 하죠? 알아서 잘할 수 있는데 엄마, 아빠가 자꾸 잔소리하니까 '나를 못 믿나?' 이런 생각이 자꾸 들어요. 누구랑 놀았냐, 뭐 했냐 이런 거 묻는 것도 저를 감시하는 것 같은 기분이 들어요."

"감시당하는 것 같다고?"

"네. 사춘기라서 감시하는 것 같아요. 저희 아빠는 맨날 저한테 '사춘기가 벼슬이냐? 말 좀 들어.' 라고 하세요. 저는 사춘기 같은 걸로 유난 떤 적 없는데 유난이라고 하시고."

"○○이가 상처를 많이 받았나 보네."

"요즘엔 다 하기 싫고 엄마, 아빠랑도 얘기만 하면 툭닥거리게 되고요…. 좋게 말해도 다 알아듣는데 맨날 성질을 내세요. '야! ○○! 당장 안 해?' 이렇게요. 엄마, 아빠가 화내는 이유가 궁금해요. 제가 그렇게 잘못한 것도 아니고 그냥 혼자만의 시간을 좀 갖겠다는 건데…. 아빠 말대로 사춘기가 무슨 벼슬도 아닌데 저를 좀 내버려 뒀으면 좋겠어요."

자신의 이야기를 한참이나 쏟아내던 아이는 한편으로는 매우 지쳐 보였고, 또 한편으로는 2년 전보다 한층 더 성숙해 보였습니다. 누군가가 '너 오늘부터 사춘기다!' 이렇게 정해 준 것도 아닌데, 자신의 심오한 내적·외적 변화들을 단순히 사춘기의 일탈로 폄하하는 것이 무척 괴로웠다고 해요. 속상했던 아이의 마음을 들어 주고 위로해 주는 것 말고는 아무것도 할 수 없었습니다. 그리고 문득 이런 생각이 들었습니다. 높은 파도가 세차게 요동치는 것처럼 몸과 마음이 혼란스러운 시기를 감히 특별하지 않다고 말할 수는 없겠다고요.

하지만 그게 자연스러운 성장의 과정이라면
우리 어른들도 그 아이들을
보통의 날과 다르지 않게 대하는 방법을
연습해야겠다고 말이지요.

물론 옳지 않은 상황에서의 강단 있는 훈육은 필요합니다. 하지만 사춘기를 겪는 아이들에게 있어서는 무뚝뚝함도, 이유 모를 짜증도, 슬픔도 함께 품어 주는 사랑의 미학이 더 어울리지 않을까 합니다.

이것만은 꼭!

저와 제자 사이의 대화 속에서 우리 아이들의 솔직한 심정을 조금이나마 엿볼 수 있으셨지요? 부모님이나 교사들은 사춘기 아이의 달라진 행동에 대해 이해와 수용의 태도보다는, 노여움과 당혹스러움을 느끼고 불편한 심기를 드러내는 경우가 많습니다. 예전에는 순종적이던 아이가 자꾸 말대답을 하거나 대화를 회피할 때, 우리 어른들은 그 아이의 태도가 건방지거나 예의가 없다고 생각하여 야단을 치거나 훈육을 하게 됩니다. 하지만 아이들의 입장에서는 어른들이 자신에게 화를 내고 짜증을 낸다고 생각할 수 있습니다. 그러다 보면 아이는 아이대로 더욱 마음의 벽을 높이 쌓고, 숨기는 것이 더 많아지고, 그럼으로써 대화가 더 줄어들 수밖에 없습니다. 사춘기 아이와 소통하려면, 간섭하고 야단치던 우리 어른들의 자세를 바꿔야 합니다. 자율과 허용의 범위를 넓혀 주시고 좀 더 너그럽게 대해 주시는 것이 좋겠습니다.

2장

교육과 진로의 큰 그림

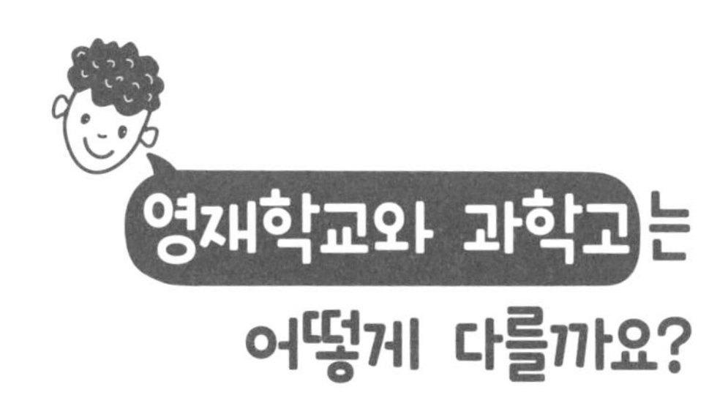

영재학교와 과학고는 어떻게 다를까요?

아이가 초등 고학년이 되면 과학고와 영재학교를 알아보는 부모님들이 계십니다. 수학과 과학에 흥미를 가지고 있는 자녀들을 보면 대견하기도 하면서, 한편으로는 '내가 우리 아이의 영재성을 키워 주지 못하면 안 되는데….'라는 불안감도 가지고 계십니다. 그러면서 영재성 검사부터 시작하여, 학교 선생님 그리고 학원 선생님과 상담을 하면서 자녀의 진학을 일찌감치 정하게 됩니다.

그러면 과학고와 영재학교는 어떻게 다른 것일까요? 일부 학부모님들은 과학고와 영재학교를 같은 학교라고 생각하시거나, 비슷한 유형의 학교로 알고 계십니다. 그럴 수밖에 없는 것이, 영재고이면서 '과학고'란 명칭을 유지하는 학교들이 있기 때문이에요. 대표적으로 서울과학고는 이름과 달리 실제로는 영재고이기 때문에 영재고라고 부르는 것이 맞습니다. 이 학교 졸업생들을 고려하여 '서울과학고'란 이름을 그대로 유지하고 있을 뿐이라는 것이 학교 측의 설명입니다.

한국과학영재학교의 경우에는 이름에 '영재'라는 말이 들어가 있어서 영재고란 것을 알 수 있습니다. 그런데 세종과학예술영재학교, 인천과학예술영재학교 같은 경우에는 '예술'이란 단어가 들어가다 보니 '영재고'란 느낌이 조금 덜하지요. 이렇게 헷갈릴 수 있으니 이번 기회에 과학고와 영재고에 대해서 정확하게 구분할 수 있도록 알아보겠습니다.

구분	• 영재학교	• 과학고
소속	• 영재교육진흥법	• 초 · 중등교육법
분류	• 영재학교	• 특목고
학교	• 전국 8개교	• 전국 20개교
수업	• 국민공통교육과정 이수 의무 없음 • 1학년 필수 교과, 2/3학년 심화과정 운영 • 한국/서울영재학교는 무학년 졸업학점제 AP/PT제도 운영	• 보통 교과와 전문 교과로 구성
졸업 방식	• 3년 이수 후 졸업	• 20명 정도는 조기 졸업 가능
모집 지역	• 전국 단위 모집	• 광역(시 · 도) 단위 모집
지원 학년	• 중1~중3	• 중3
지원 범위	• 영재학교 간 복수 지원 불가 • 특목자사고 지원 가능	• 과학고 간 복수 지원 불가 • 특목자사고 지원 불가
서류 제출 특징	• 학생부 전 영역 확인 가능 • 영재성 입증자료 제출	• 수상 경력, 영재 교육 관련 내용, 과목별 원점수/평균/표준편차 삭제

〈과학고와 영재학교 분류표〉

분류표에 나타나 있듯이, 과학고와 영재학교는 적용 법령 자체가 다릅니다. 영재학교는 영재교육진흥법에 의해, 그리고 과학고는 초·중등교육법에 의해 법 적용을 받는 학교입니다.

그렇다 보니 영재학교는 보다 자율성이 크고
수준 높은 커리큘럼이 운영되고 있는 반면,
과학고는 특목고 중 하나로 분류되어
일반고보다 어려운 수준의 교육과정을 진행하고 있습니다.

또 과학고는 과학중점고교와 유사한 성격을 가지고 있는데, AP과목 개설, 과학 실험 등의 커리큘럼이 보다 강화되어 있습니다.

전국의 영재학교는 8개교가 지정되어 있습니다. 한국과학영재학교(부산), 서울과고, 경기과고, 대구과고, 대전과고, 광주과고 등 6개교가 있고, 최근 신설된 과학예술영재학교인 세종과학예술영재학교, 인천과학예술영재학교 등이 있습니다. 과학예술영재학교는 보다 융합적인 인재상을 지향하고 있으며, 다른 영재학교와 교육과정에는 큰 차이가 없습니다. 영재학교의 입시 전형 특징을 보면, 중1부터 중3까지 본인이 거주하는 지역과 상관없이 지원할 수 있습니다. 그리고 과학고나 특목자사고보다 빠른 시기에 입시가 진행되기 때문에, 합격이 안 되더라도 다른 전기 모집 학교인 과학고 등에 지원할 수 있다는 특징을 지닙니다.

영재학교는 전국 단위 모집과 중복 지원이 허용되어 왔는데, 2022학년도 고입부터는 지역 인재 우선 선발을 확대하고 영재학교 간 중복 지원도 금지되는 등의 변화가 있습니다. 또 영재성 평가, 과학 캠프 등의 까다로운 입시 전형을 운영하고 있으므로, 자녀가 지원할 시기가 되면 이러한 점들을 꼼꼼히 살펴보셔야 합니다.

과학고는 전국에 20개가 있으며, 세종과고, 한성과고, 경기북과고, 인천과고, 인천진산과고, 부산과고, 부산일과고, 울산과고, 경남과고, 창원과고, 경북과고, 경산과고, 대구일과고, 대전동산과고, 충남과고, 충북과고, 전남과고, 전북과고, 제주과고, 강원과고가 있습니다. 과학고는 학생이 거주하는 지역에 과학고가 있을 경우 타 지역 과학고에는 응시할 수 없으며, 2개교 이상의 과학고가 있는 지역이라 하더라도 중복지원은 불가능합니다. 학생이 거주하는 지역에 과학고가 없을 경우에는 타 지역 과학고에 응시하는 것이 가능합니다.

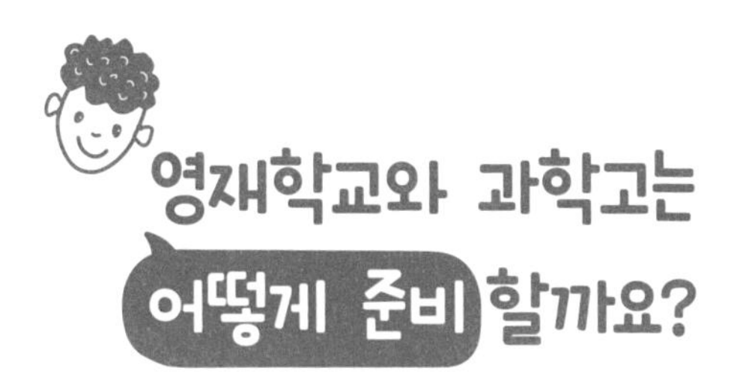

과학고나 영재학교에 진학하는 것을 목표로 하는 학생과 학부모님들은 이들 학교의 선발 방식이 어떻게 되는지에 대해 궁금하게 생각하실 것입니다. 이번에는 과학고와 영재학교의 서류 평가와 면접 평가가 어떻게 이루어지는지 알아보도록 하겠습니다.

영재학교의 경우에는 1단계에서 학생기록물을 평가하고, 2단계에서 창의적 문제 해결력 평가 및 영재성 검사를 진행합니다. 그리고 3단계 평가에서는 영재성 다면 평가와 함께 1박 2일 캠프가 진행됩니다. 학생이 제출한 서류인 자기소개서, 수학·과학 지도 교사 추천서, 담임 교사 추천서, 그리고 학교생활기록부 등을 바탕으로 1단계 전형 합격자를 선발합니다. 2단계 전형에서는 수학·과학·융합·에세이 등의 지필 평가로 합격자를 선발하며, 3단계 전형에서는 1박 2일 캠프를 통하여 글로벌 과학자로서의 자질과 잠재성을 평가하여 최종 합격자를 선발합니다.

반면, 과학고의 1단계 평가는 서류 평가 및 출석 면담이고, 2단계 평가는 소집 면접으로 이뤄집니다. 과학고의 경우 1단계에서 지원자 전원을 지정한 날짜에 학교로 출석시켜 학교생활기록부, 자기소개서, 교사 추천서 등의 제출 서류와 관련된 내용을 검증·평가하여 1.5~2배수 내외의 인원을 선발합니다. 그리고 2단계 소집 면접을 통해 수학·과학에 대한 창의성 및 잠재 역량과 인성 등을 종합적으로 평가하여 최종 합격자를 선발하게 됩니다.

그러면 영재학교를 지원하는 데 있어 기본적인 학습 수준은 어느 정도일까요? 한국과학영재학교, 대전영재학교, 그리고 세종과학예술영재학교와 인천과학예술영재학교에서는 중학교 내신이 전과목에서 A등급을 받아야 서류 통과가 가능합니다. 이와 달리 서울영재학교, 경기영재학교, 대구영재학교, 광주영재학교의 경우에는 일부 분야의 성취점수가 낮아도 영재성이 있다고 판단되면 선발하게 됩니다. 특히, 대전과 광주영재학교에서는 3단계 전형에서 과학 실험을 진행하기 때문에 여기에 대한 대비가 필요합니다. 세종과학예술영재학교와 인천과학예술영재학교에서는 인문예술 관련 활동이 진행될 수 있으므로, 수학과 과학뿐 아니라 다양한 분야에 대해 관심을 가지고 준비한 학생에게 유리합니다.

한편 교육과정을 보면, 과학고의 경우에는 미국 대학 과정의 과목을 선택해서 고교에서 미리 이수하는 AP과목의 수업이 진행되므로 기본적인 어학능력(영어)을 갖추고 있어야 합니다.

과학 실험과 실험보고서 제출이 많기 때문에,
이런 부분에 대해서 중학교 때 학습을 하고 와야 합니다.

일선 중학교에서는 과학 실험을 자주 할 수 없다 보니, 지필고사에 뛰어난 학생들이 실제 과학탐구 실험에서는 본인의 실력 발휘를 잘 하지 못하는 경우가 있습니다. 게다가 여기에 진학한 학생들은 기본적으로 수학과 과학 과목은 우수하기 때문에, 오히려 변별력이 국어와 영어에서 나타나는 경우가 있으므로 균형 잡힌 학습이 요구됩니다.

영재학교의 경우에는 영재성이 없는 학생, 즉 교과 선행만을 통해서 진학한 학생들은 어려움을 겪습니다. 커리큘럼 자체가 자유롭다 보니 교과서 없이 수업을 나가는 과목도 있고, 한 학기 동안 실험과 보고서 작성으로 진행되는 수업도 있습니다. 그러므로 수학과 과학 교과목에 대한 영재성이 있고, 탐구를 즐기며, 실패를 두려워하지 않는 의지를 갖춘 학생들이 지원해야 성공적으로 학업을 수행할 수 있습니다.

이러한 자질을 갖추지 못한 경우, 학교를 휴학하거나 심지어 자퇴하는 사례도 있습니다. 그러므로 단순히 흥미나 막연한 희망을 가지고 지원하는 것은 좋지 않습니다.

기출문제 또는 대학교 수학이나 과학 교양 교재를
스스로 풀어낼 수 있는 끈기와 도전 의식을 가진 학생이어야
과학고나 영재학교를 지원해 볼만 합니다.

일부 교육특구 학원에서는 수학은 중학교 1학년이나 2학년 때 고3 수준까지 학습할 수 있어야 하고, 과학은 물리2나 화학2까지 자유자재로 내용을 이해해야 한다고 귀뜸해 주기도 합니다. 이런 조언에는 다분히 사교육 조장이라는 의도가 담겨 있지만, 한편으로는 현실적인 진학 설계가 깔려 있기도 합니다. 특목고와 자사고를 많이 보내는 중학교가 아닌 일반 중학교 출신의 학생들이 과학고나 영재학교를 가면 거의 하위권을 맴도는 경우가

많은데, 이런 상황에서는 대학 진학을 걱정하지 않을 수 없지요. 그러므로 우수생들이 모인 학교에서 이렇게 고교 내신을 낮게 받는 학생들이 대학 진학에 유리한 고지를 선점하도록 하기 위해서, 미리 수능을 공부하게 한다는 현실적 진학 설계가 담겨 있는 것입니다.

끝으로 중학교 때 영재원에 다녀야만 하는지를 궁금해 하시는 학부모님들이 계십니다.

> 자녀가 초등학교나 중학교 때
> 영재원을 다닌 경험이 있다면,
> 과학고나 영재학교 진학에 유리합니다.

왜냐하면 영재원의 일반과정이 아닌 사사과정에서는 영재성을 높일 수 있는 교육과정을 운영하기 때문입니다. 그리고 영재원에서는 팀별로 스스로 문제를 발견하고 해결할 수 있는 기회를 제공하는 경우가 많은데, 우수한 학생들과 함께 이런 경험을 할 수 있는 기회가 일반 중학교에서는 흔하지 않지요. 그러므로 과학고, 영재학교를 생각하시는 학생과 학부모님께서는 초등학교 3학년 겨울방학 때부터 영재원에 대해서 관련 정보를 알아보고 학습 계획을 세워야 합니다.

참고로 한국과학영재학교에 합격한 학생의 자기소개서 일부를 각색해서 보여드리겠습니다.

수학적 재능에 대한 소개

휴머노이드를 동작시킬 때 다른 로봇들보다 가장 중요한 것이 무게중심이라고 생각합니다. (중략) 각 동작마다 표시되어 있는 무게중심이 최대한 가운데에 있게 하려고 모터가 돌아가는 최대 각도를 구해야 하는데 컴퓨터를 이용해서 비교적 쉽게 작업할 수 있게 됐지만 기하학적인 직관이나 수학적인 역량을 필요로 하는 작업이며 아래는 저의 결과물입니다.

예) 〈하체에 물건을 들어올리는 힘의 계산 방법〉

if) 물체가 들어올려지지 않은 경우 : 무릎은 폈으나 들어올려지지 않았으므로 발의 앞부분으로만 서게 된다.

⇨ 앞쪽에 측정된 힘을 F, 로봇의 무게를 W라 하면

⇨ 물체의 무게 = F–W & 팔 길이는 정해져 있으므로 팔 길이 = L이라 하면

⇨ 로봇의 어깨 부분에 작용하는 토크 = (특정식을 제시함)

⇨ 수직항력에 의한 토크 = (수직항력) × (어깨까지의 높이) = (특정식을 제시함)

∴ 토크 평형을 이루어야 하므로 (특정한 식을 제시함)까지 계산이 이뤄져야 합니다.

각 동작마다 그 필요한 계산식들을 가정한 뒤 프로그램을 넣어 작동하는 로봇을 움직여 본 결과 예상대로 보행을 진행하는 데 성공하였습니다. 보행의 정확성과 속도 부분에 있어서 좀 더 보완할 수 있는 점들을 살펴보고 싶으며, 이에 도움이 되는 기하학, 대수학 등을 보다 심화학습 해 보고 싶습니다.

위에 제시된 자기소개서 내용을 보면, 진로와 관련된 분야에 대해 스스로 문제를 발견하고 이를 해결해 나가는 모습이 담겨 있습니다. 그리고 수학적·과학적 재능이 그러한 문제를 해결하는 데 필수적인 역량임을 확인할 수 있습니다.

영재성을 가진 자녀가 있다면 이렇게 아이가 자기 주도성을 발휘할 수 있도록 격려해 주시고, 성과물에 대해서 수정 보완할 수 있도록 참고할 만한 학습 자료에 대한 지원 등을 해 주세요. 그러면 성공적인 과학고 또는 영재학교 진학이 이루어지리라 확신합니다.

우리 아이의 교육은 길어요

최근에 한 초등학생 어머니로부터 이런 질문을 받은 적이 있습니다. "아이가 수학 학원 숙제나 영어 학원 숙제 때문에 새벽 1시가 넘어서 자는 일이 많아요. 이 시간은 성장 호르몬이 많이 나올 시간인데, 숙제를 못 해도 아이를 그냥 재우는 것이 나을까요? 아니면 숙제를 성실하게 다 하고 자게 하는 것이 맞을까요?" 짧은 질문이었지만 이 안에 우리 교육의 현실이 아주 집약적으로 드러나 있어서 마음이 아팠습니다.

한창 뛰어놀아야 할 나이의 초등학생 아이들이 사고력 수학 혹은 선행 학습을 하는 수학 학원이나 미국 교과서로 가르치는 영어 학원에 다니다 보니, 밤이 늦도록 학원 숙제를 해도 다 해내기 힘들다는 것이 참으로 딱하게 느껴졌어요. 우리 아이도 비슷한 상황을 겪은 적이 있었습니다. 수학 학원이든, 영어 학원이든 적절한 양의 숙제만 내 주는 곳은 많지 않았습니다. 부모들에게 열심히 시키는 학원, 빡센 학원이라는 이미지를 심어 주어야 좋은 학원으로 인정을 받을 수 있다고 생각했는지, 아이들이 힘들어하는 것에 아랑곳하지 않고 학원들이 서로 경쟁적으로 많은 숙제를 내 주더군요. 그리고 엄마들도 이런 관행을 너무나도 당연하게 받아들이는 분위기라는 점도 무척 안타깝습니다.

> 더욱 가슴 아픈 것은, 밤늦도록 학원 숙제를 하느라 초등학생 아이가 성장을 위해 잠을 자야 하는 시간까지 뺏기고 있다는 사실입니다.

성장 호르몬이 한창 많이 나오는 밤과 새벽 시간에 성장기 아이에게 잠보다 더 중요한 것이 과연 있을까요? 그 사실을 알고 계셨기에 이 어머니도 고민이 되어서 저에게 문의하신 듯합니다.

초등학생 자녀를 둔 어머니들 중에 비슷한 고민을 해 보신 분들이 계시죠? 주로 초등 4학년 이상의 자녀를 두신 어머니들께서 가끔 하게 되는 고민인 것 같습니다. 초등학교 4학년이 되면서부터 수학도, 영어도 수준이 올라가고 학원에서 감당하기 힘든 양과 난이도의 숙제들을 내 주는 경우가 많더군요. 밤늦도록 학원 숙제를 하는 아이를 재우는 것이 나을지에 대해, 저는 성장기 아이의 수면 시간을 충분히 확보하는 것이 가장 우선이라는 말씀으로 대답을 드립니다. 초등학교 시기에는 학습이나 인지적 발달에 못지않게 아동의 신체적 발달이 중요하며, 특히 신체적 성장은 그 시기를 놓치면 다시는 돌이킬 수 없기 때문입니다.

초등학생 어머니들은 자녀 교육에 대한 열정이 대단하시고, '아이를 어떻게 하면 더 잘 교육시킬 수 있을까?' 하는 생각을 늘 하고 계시죠. 주변에서 조금이라도 좋은 교육 프로그램이 있다는 이야기를 들으시면, 알아보고 자녀들에게 시도해 보실 것입니다. 그리고 공부법이나 자녀 교육에 대한 책들을 읽고 설명회나 강연 등도 들으면서, 자녀 교육의 방향도 잡고 진로의 큰 그림을 그리실 거예요. 우리나라 엄마들의 교육에 대한 이러한 열정과 헌신은 세계 어디에서도 뒤지지 않는 최고 수준일 것이라고 생각합니다. 특히, 초등학생 자녀를 두고 계신 부모님들은 아이의 무한한 가능성을 생각해서 공부뿐 아니라 예체능까지 다양한 분야를 탐색하시고, 아이의 적성과 소질을 발견하여 성장시켜 주려고 참으로 많은 애를 쓰십니다.

저 역시 우리 아이가 초등학생일 때 교육열이 높았던 엄마였고, 자식 교육에 가장 많은 에너지를 쏟았던 것 같아요. 그런데 저는 자녀 교육에 열정과 에너지는 넘쳤지만, 자녀 교육의 풀코스를 경험해 보지 못한 초보 엄마이다 보니 늘 확신이 없었습니다. 그래서 주변 엄마들에게 아이를 어떻게 교육하고 있는지 물어보기도 하고, 설명회에 참석하거나, 자녀 교육에 관련된 책을 읽으면서 정보를 얻으려고 노력했어요.

그런데 아이 친구 엄마들을 통해서 듣는 이야기만으로는 앞이 보이지 않아서 막막했고, 학원 설명회나 자녀 교육 서적을 통해서 얻게 되는 정보는 우리 아이 상황과 잘 맞지 않는 경우가 대부분이었습니다. 그래서 '자녀 교육을 제대로 경험해 본 누군가가 자녀 교육의 전체 과정을 상세하게 알려주면 얼마나 좋을까?'라는 생각을 자주 했습니다.

제가 직접 경험해 보니, 자녀 교육은
긴 호흡으로 가야 하는 머나먼 여정이었어요.

눈앞의 일에만 매달려 초조해 하면서 그 기나긴 여정을 완주하는 것은 너무 힘든 일입니다. 그리고 교육에 대한 부모의 열정만으로 해결되는 것도 아니었습니다. 씨를 뿌릴 때가 있으면 거둬들일 때가 있듯이, 열정과 에너지를 쏟아부어야 할 시기가 있는가 하면, 인내하고 기다려 줘야 하는 순간도 분명히 있더군요.

우리 아이가 수학이나 영어에서 옆집 아이보다 앞서 있다 하더라도 계속 앞서리라는 보장도 없지만, 옆집 아이보다 조금 뒤처져 있다고 해서 앞으로도 계속 뒤처지는 것도 아닙니다. 그러므로 어머니들께서 아이의 현재 상황에 너무 일희일비하실 필요가 없어요. 자녀 교육이라는 긴 여정 속에서 언제나 역전은 가능합니다. 실제로 저는 우리 아이를 대학까지 보내는 과정에서 수도 없이 이러한 역전의 현상들을 경험했어요.

솔직히 엄마로서 매우 아쉽지만, 우리 아이는 역전을 당하는 입장이었습니다. "자기는 자기 아이가 공부를 너무 잘하니까 밥 안 먹어도 배부르지?" 혹은 "우리 아이가 자기 아이 반만큼이라도 했으면 좋겠어." 등등. 저는 한때 엄마들 사이에서 듣기 민망할 정도의 부러움을 샀던 우등생의 엄마였어요. 우리 아이 때문에 정말 힘이 났고, 흡족했고, 때로는 너무 대놓고 기뻐하면 모양새가 안 좋게 보일까 봐 표정 관리까지 했었던 엄마였지요. 그런데 뒤늦게 찾아온 아이의 사춘기로 오래 갈등하면서 아이가 공부를 소홀히 해서, 고등학교에서 내신 성적 관리가 잘 되지 못했습니다. 다행히 아이가 고3 때 겨우 마음을 잡고 공부해서 인서울 대학에 가게 되었지요. 우리 아이 반만큼이라도 했으면 좋겠다고 저를 부러워했던 엄마의 아이는 고등학교에서 성실히 공부하여, 우리 아이보다 더 상위권의 대학을 다니고 있습니다.

자녀 교육은 길어요. 초등학교 시기도 중요하지만, 중학교와 고등학교, 그리고 대입까지 뒤로 갈수록 더욱 중요한 시기가 옵니다. 초등학생 자녀들도, 그리고 어머니들도 모든 에너지를 여기서 다 소모해서 뒤로 갈수록 힘을 못 쓰는 상황이 되어서는 안 됩니다. 다른 아이와의 비교나 경쟁, 많은 학원 숙제와 같은 눈앞의 일들에 너무 노심초사하실 필요가 없어요. 좀 더 긴 안목에서 초등학생 자녀들을 육체적으로나 정신적으로 건강하고 행복한 아이로 길러 내는 일에 집중하셔야 합니다.

자녀를 똑똑한 아이, 공부 잘하는 아이로 만들기 위해 아이가 감당하기 힘들어하는 공부를 과하게 시키면, 아이는 오히려 학습에 흥미를 잃거나 인지적 부담을 느껴 공부와 담을 쌓을 수도 있습니다. 아이를 너무 사랑하다 보니 우리 부모들은 자식에 대해서 조바심을 느끼고 성급하게 판단하는 경우가 많습니다. 그러나 이러한 부모의 성급함과 조바심이 오히려 자녀 교육을 더욱 힘들게 할 수 있다는 점에 유의하셔야 해요. 자녀의 교육은 길게 보셔야 합니다.

이것만은 꼭!

자녀가 잘되기를 바라고 기대하는 마음은 어느 부모님이나 다 같을 것입니다. 그런데 우리 아이의 교육은 우리 생각보다 길어요. 초등학교 시기도 중요하지만, 중학교와 고등학교, 대입까지 더욱더 중요한 시기가 앞으로 쭉 펼쳐질 것입니다. 자녀가 초등학교 때 모든 힘을 다 쏟고 에너지가 고갈되게 해서는 안 됩니다. 아이에게 꼭 필요한 몇 가지 교육만 선별해서 과하지 않게 시키는 것이 현명한 선택일 수 있습니다. 이렇게 취사선택을 해서 생긴 여유 시간에 아이가 독서도 하고, 친구와 신나게 뛰어놀고, 또 밤에는 충분히 잠을 자게 하는 것이 어떨까요?

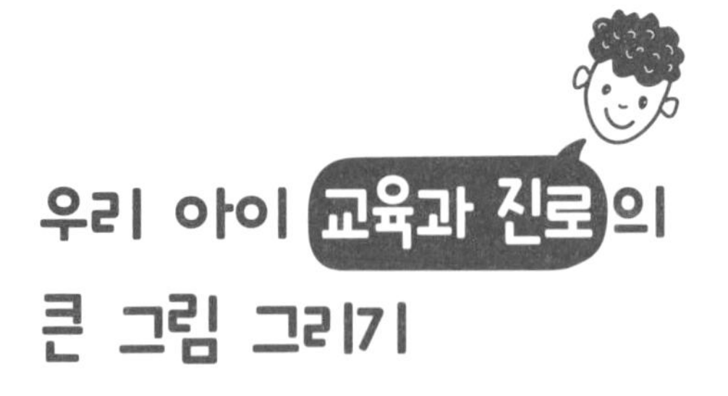

우리 아이 교육과 진로의 큰 그림 그리기

자녀의 교육을 길게 보고 자녀의 교육과 진로에 대해 큰 그림을 그리려면 어떻게 하는 것이 좋을까요? 가장 먼저 자녀의 성향을 파악하고, 소질과 적성이 무엇인지를 탐색하여 길러 주셔야 합니다. 그런데 자녀의 성향을 파악하는 일과 소질을 탐색하는 일은 쉬운 듯하면서도 참으로 어려운 일이었어요.

초등학생 시절 우리 아이는 노는 것도 좋아했지만, 공부도 잘하고 싶어 했던 아이였어요. 딱지치기, 구슬치기, 야구 등 또래와의 놀이에서 지기를 싫어했고, 학교에서도 공부 잘하는 아이로 인정받고 싶어서 튀는 행동도 많이 했던 아이였지요. 저는 이러한 아이의 성격이나 성향을 보고, 공부 욕심이 있는 아이라는 것을 알 수 있었습니다. 그리고 책 읽기와 글쓰기, 토론하기 등에 소질이 있어 보였고, 아직은 초등학생이라서 단정 짓기는 힘들었지만 영어에도 적성이 있어 보였습니다.

중학생 시절에 아이를 지켜보니 과학에는 전혀 관심이 없고, 여전히 국어와 영어에서 적성과 소질을 보이더군요. 냉철하거나 이성적이지 않고 주변 분위기에 많이 좌우되며, 희노애락이 많아서 잘 울고 잘 웃는 아이였습니다. 저는 아이의 여러 가지 행동 특성이나 성격, 성향 그리고 적성 등을 종합해 보고, 우리 아이가 문과 성향을 가졌다는 판단을 내리게 되었어요. 그래서 문과 쪽으로 진로를 탐색하다가, 고입 전부터 일찌감치 경영학과로 진학할 것을 정하게 되었습니다.

이렇게 아이의 성향과 소질 및 적성을 파악하며 이에 맞게 진로를 계획하는 한편, 학습적인 측면도 오래전부터 준비해야 했어요. 아이의 대입까지 전체 교육의 과정을 아이 옆에서 밀착 관리하면서 함께 겪어 본 엄마로서, 저는 진로 탐색과 함께 국·영·수 등의 기본 교육에도 충실해서 상급 학교로 진학해도 흔들림 없는 실력을 길러 줘야 한다는 말씀을 드리고 싶어요.

자녀의 초등부터 대입까지 장기 플랜을 짤 때,
빼놓을 수 없는 것이 바로 아이의
학습 능력을 기르는 것입니다.

그러면 초등학생 자녀에게 앞으로 중학교, 고등학교에서도 계속 필요한 학습 능력을 어떻게 길러 줄 수 있을까요? 저는 이해하고 사고하고 학습할 수 있는 능력이 독서를 통해서 길러진다고 생각합니다. 독서가 모든 공부의 기본이고 중심이라고 생각하기 때문이에요. 독서는 지식과 정보를 얻는 과정인 동시에, 아이가 책을 통해 상상하고 생각하게 만들어서 사고력과 이해력을 길러 주는 활동입니다. 이렇게 독서를 통해 길러진 사고력과 이해력은 공부하는 데 꼭 필요한 핵심 역량입니다.

주변 엄마들로부터 자녀가 초등 고학년이 되면서 영어나 수학 학원 숙제를 하느라 독서할 시간을 못 내고 있다는 이야기들을 많이 들었어요. 유년기나 초등 저학년에 비해서 고학년들은 확실히 학습에 대한 부담이 커지므로, 책을 읽을 시간을 내기가 힘든 것이 현실입니다. 그런데 영어나 수학 선행 학습 때문에 독서할 시간이 줄어드는 것은 너무 큰 손실입니다. 선행 학습은 효과도 별로 없고 꼭 필요한 것도 아닌데, 너무나 중요하고 필수적인 독서 시간을 이러한 선행 학습에 빼앗긴다는 것은 참으로 안타까운 일이 아닐 수 없습니다.

얼핏 보았을 때는 그냥 책을 읽고 있는 것보다 영어나 수학 문제집을 푸는 것이 자녀의 공부와 더 밀접한 관련이 있어 보이고, 눈앞의 학원 숙제 해결이 훨씬 더 급해 보입니다. 사실 아이의 읽기 수준에 맞는 책을 꾸준히 읽게 하고 책 수준을 서서히 높여 나가는 것은, 지금 당장 눈에 확 띄는 결과를 보여 주지는 못하지요. 그러나 장기적으로 보았을 때는 독서가 아이가 평생에 걸쳐 요긴하게 쓸 수 있는 이해력과 사고력을 길러 준다는 점에서 그 성과를 간과할 수 없습니다. 따라서 자녀 교육의 큰 그림을 그리실 때, 독서를 그 중심에 놓고 생각하셔야 합니다.

그리고 자녀 교육과 진로의 큰 계획을 세우실 때, 독서와 함께 수학의 기본기를 세우는 일에도 힘써야 합니다. 초등학교 시절부터 바르게 세운 수학의 기본기는 대입까지 영향을 미치기 때문입니다. 수학은 단계와 단계가 체인처럼 긴밀하게 연결되어 있는 단계형 교과입니다. 그래서 수학은 앞 단계의 주요 개념을 이해하지 못하면, 다음 단계의 개념도 이해하지 못하는 특징을 가지고 있지요. 초등학생 시기에 기초 연산과 기초 개념들을 탄탄하게 익혀 두어야, 중학교와 고등학교 수학과 연결해서 공부할 수 있습니다. 그러나 미리 공부하면 유리할 것이라 생각하고 초등학생에게 중학교 수학을 미리 공부시키는 것은 좋은 방법이 아니에요. 현 단계에서 기초를 튼튼히 한 후 심화학습을 하고, 문제풀이 과정을 쓰는 연습을 통해 수학 서술형 문제에 대비하는 정도의 준비만으로도 충분하다고 생각합니다.

또 자녀 교육과 진로의 큰 그림을 그리실 때, 영어 실력을 기르는 일에도 힘써야 합니다. 영어 독서를 통해 유의미한 맥락과 상황 속에서 영어 표현이 쓰이는 것을 보면서 영어 어휘력과 문해력을 높일 수 있고, 영어식 어순에도 익숙해지면서 문법을 좀 더 자연스럽게 익힐 수 있습니다. 초등학교 영어는 놀이와 활동 중심의 영어이지만, 영어 어휘는 한 단어 한 단어 공을 들이면서 익혀야 해요. 초등 고학년부터는 영어 문법도 제대로 공부해서 중학교나 고등학교에서도 통하는 현실적인 영어 실력을 갖추는 일도 정말 중요합니다.

이것만은 꼭!

자녀의 교육과 진로에 대한 큰 그림을 그릴 때, 자녀의 성향과 소질 및 적성을 고려하여 진로를 정하는 일이 참으로 중요합니다. 그리고 상급 학교에서도 통하는 학습력을 기르기 위해 독서, 수학, 영어 등의 기본기를 제대로 세우는 일도 이에 못지않게 중요합니다. 자녀의 교육은 길고, 예측 불가의 험난한 여정이에요. 초등학교 시기에 모든 에너지를 소진하지 마시고, 장기적인 안목을 가지고 좀 더 여유있게 자녀 교육 계획을 세우시길 바랍니다.

맺음말

'줄탁동시(啐啄同時)'라는 한자성어를 들어 보셨을 것입니다. 병아리가 알에서 깨어나기 위해서는 병아리가 안에서 알을 쪼고 어미 닭이 밖에서 쪼아 깨뜨리며 서로 도운다는 뜻을 가지고 있는 말입니다. 제가 대학에서 교육학을 처음 배우는 날 교육의 참뜻에 대해 배울 때, 이 표현을 듣고 깊은 감동을 받았습니다. '줄탁동시'는 그 후 저의 교육관에 큰 영향을 준 문구가 되었습니다.

교사가 학생을 교육할 때뿐만이 아니라 부모가 자식을 교육할 때도 교육의 장 안과 밖에서 상호 협력이 있어야 합니다. 정작 아이는 가만히 있는데 부모만 자녀의 교육을 앞장서서 주도해도 곤란하지만, 부모의 도움 없이 미숙한 자녀가 모든 것을 알아서 척척 해내는 것도 현실적으로 어렵기 때문입니다. 그런 의미에서 부모는 자녀 교육에서 전권을 행사하는 감독이 아니라, 안내자이고 코치여야 합니다. 아이를 존중하고 자발성을 키워 주어서 아이 자신의 잠재력을 계발하게 해 주는 것이 진정한 교육이 아닐까요?

성장과 계발로서의 교육은 참으로 멋진 말입니다. 그런데 아쉽게도 우리 부모님들이 실제로 만나게 되는 우리의 교육 현실은 이렇게 이상적이거나 근사하지만은 않습니다. 우리 부모들은 이미 학교에서든 직장에서든 무한경쟁의 세상에서 살아왔는데, 우리 자녀들도 학교에 가는 순간 점수나 등급으로 평가되면서 조금씩 경쟁으로 내몰리게 됩니다. 제가 부모로서 아이를 길러 초등학교, 중학교, 고등학교를 거쳐 대학교에 보내는 동안 제 아이는 수많은 경쟁을 치러야 했습니다. 반 친구들, 학교 친구들, 그리고 학원 친구들과의 눈에 보이는, 혹은 눈에 보이지 않는 많은 경쟁들을 했지요.

우리 자녀를 똑똑하고 공부 잘하는 아이로 키우고 싶은 바람은 어느 부모나 다 마찬가지일 것입니다. 그러다 보니 아이들의 경쟁 못지않게 부모들에게도 묘한 자존심과 경쟁심이 생길 수밖에 없더군요. '옆집 아이는 사고력 수학 학원 다니면서 영재원 준비한다는데….', '윗집 아이는 영어를 원어민처럼 말하고 영어 동화책을 줄줄 읽는다는데 우리 아이도 영어 공부 더 시켜야 할까?', '수학 선행 학습을 다들 시키는 분위기인데 우리 아이도 시켜야 되나?'

이렇게 끊임없이 남과 비교하면서, 또는 주변 분위기나 교육 트렌드를 쫓아가면서 아이의 교육을 진행하게 됩니다. 정작 교육의 중심은 우리 아이여야 하는데 말이지요. 그러나 주변 아이들에게 효과가 있었던 교육 프로그램이 우리 아이에겐 잘 맞지 않는 경우도 많습니다. 엄마가 각종 모임이나 설명회에서 많은 교육 정보를 알아 와도, 막상 우리 아이에게 맞지 않다면 아무 소용이 없습니다. '줄탁동시'라는 말처럼 우리 부모들이 자녀의 성장을 돕고 소질을 계발할 수 있도록, 좀 더 우리 아이에게 집중해야겠습니다. 아이마다 개성과 성향, 성장 속도가 다름을 인정해 주세요. 능력 발휘에 있어서도 먼저 되는 아이가 있으면 나중에 되는 아이도 있음을 이해하고 기다려 주는 지혜가 필요합니다.

자식을 기르면서 부모로서 배운 것은 인내와 기다림이었습니다. 부모가 아무리 초조해하고 조바심을 내어도 자녀의 성장과 교육에는 시간이 필요합니다. 아직 미숙한 아이가 세상 밖으로 나오기 위해, 능력과 소질을 발휘하기 위해 준비할 시간이 있어야 합니다. 또 자신의 한계를 깨고 나오려는 아이 스스로의 노력이 반드시 있어야 합니다. 이와 함께 아이가 한계를 깨고 나오도록 밖에서 부모와 교사, 우리 사회의 교육 공동체들이 합심해서 격려하고 도와야 합니다.

아이를 애지중지 키우시며 자녀 교육에 헌신해 오신 초등학생 부모님들, 참으로 수고가 많으십니다. 자녀 교육을 위해 자신을 돌보지 않고 온갖 정성을 쏟고 계시는 부모님들이야말로 이 시대의 진정한 영웅들이십니다. 이 책을 대한민국의 초등학생 자녀를 두신 부모님들께 바칩니다. 이 책이 초등학생 부모님들의 자녀 교육에 조금이나마 참고가 되고 도움이 되기를 간절히 바랍니다.

2020년 어느 겨울 날,
초등학생 자녀와 부모님들의 건강과 행복을 바라며,
공동 저자 일동 올림